安全与应急科普丛书

应急管理知识

“安全与应急科普丛书”编委会　编

中国劳动社会保障出版社

图书在版编目（CIP）数据

应急管理知识/“安全与应急科普丛书”编委会编. -- 北京：中国劳动社会保障出版社，2022
（安全与应急科普丛书）
ISBN 978-7-5167-5273-9

Ⅰ. ①应… Ⅱ. ①安… Ⅲ. ①危机管理-基本知识 Ⅳ. ①X4

中国版本图书馆 CIP 数据核字（2022）第 028741 号

中国劳动社会保障出版社出版发行
（北京市惠新东街 1 号 邮政编码：100029）

*

北京市科星印刷有限责任公司印刷装订 新华书店经销

880 毫米×1230 毫米 32 开本 4.625 印张 97 千字
2022 年 3 月第 1 版 2023 年 6 月第 4 次印刷

定价：15.00 元

营销中心电话：400-606-6496
出版社网址：http://www.class.com.cn

“安全与应急科普丛书”编委会

内 容 简 介

在我国，应急管理体系建设工作不断加强，具体体现在应急管理“一案三制”体系建设上，尤其是自2007年11月1日起施行的《中华人民共和国突发事件应对法》，系统规范了突发事件应对活动的基本原则和主要内容。2018年国家组建应急管理部，标志着我国应急管理工作进入了新的发展阶段。

本书紧扣安全生产、突发事件应对等法律法规，以应急管理中突发事件的应对过程为主线，注重平衡理论知识和具体实践方法，详细介绍了企业职工在生产过程中应该了解的应急管理基础知识。本书内容主要包括应急管理、应急准备、应急预案、应急监测与预警、应急处置与救援、事后管理、安全文化和应急培训等知识。

本书内容丰富，所写知识典型性、通用性强，可作为相关行业管理部门和用人单位开展应急管理知识科普工作使用，也可作为广大职工群众增强应急管理意识、提高应急管理素质的普及性学习读物。

目 录

第 1 章 应急管理

第 2 章 应急准备

第 3 章　应急预案

第 4 章　应急监测与预警

第 5 章　应急处置与救援

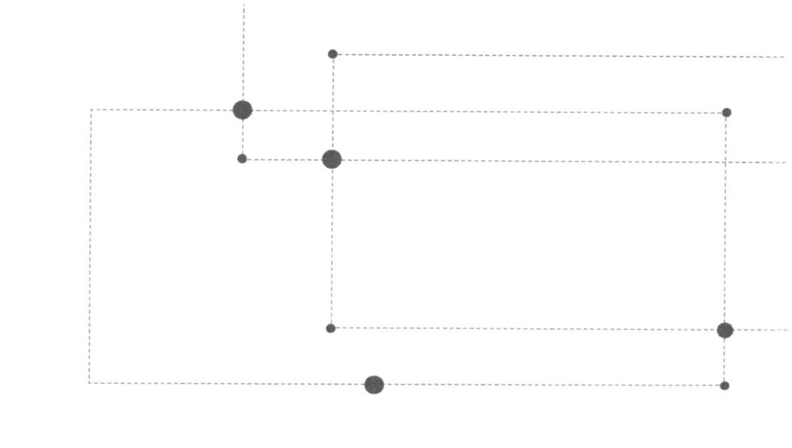

第1章

应急管理

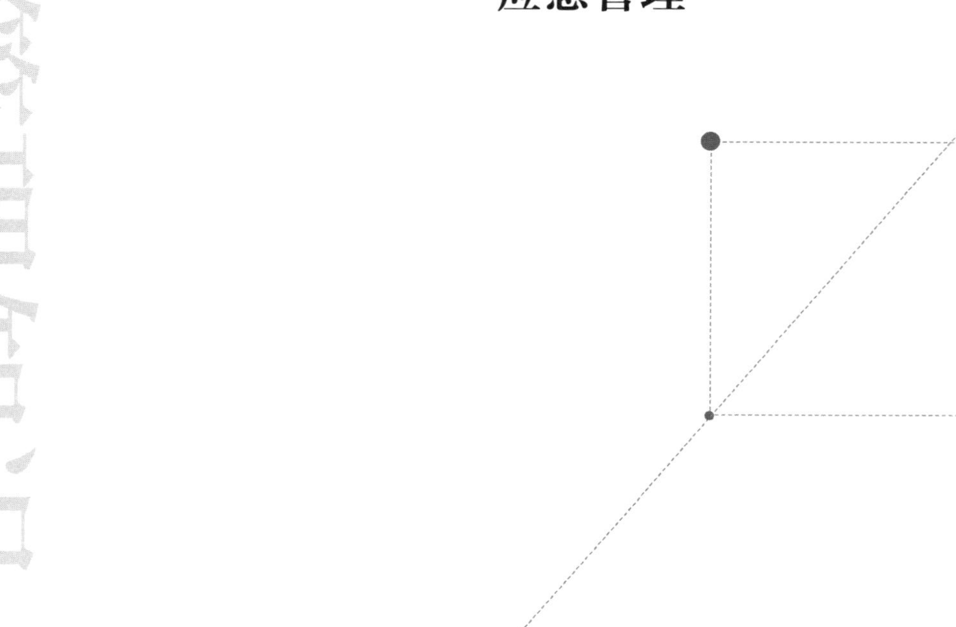

1. 突发事件的定义和相关概念

（1）突发事件的定义

《中华人民共和国突发事件应对法》（以下简称《突发事件应对法》）中对突发事件的定义是：突然发生，造成或者可能造成严重社会危害，需要采取应急处置措施予以应对的自然灾害、事故灾难、公共卫生事件和社会安全事件。

具有各种表现形式的突发事件包含以下基本特征：一是公共性。在公共领域内发生的突发事件，会给大众的正常生活带来严重影响，破坏正常的社会秩序。二是危害性。一旦发生突发事件，会对生命财产、社会秩序和公共安全构成严重威胁，如果处置不当就会造成生命财产的巨大损失和社会秩序的严重动荡。三是突发性。当突发事件发生或将要发生时，需要采取应急处置措施应对，以防危机迅速扩大和升级造成更大危害和损害。四是不确定性。突发事件的原因、发展和后果都具有一定的不确定性。突发事件一旦发生，就会造成或可能造成不同程度的危害。

（2）突发事件的相关概念

1）风险

风险是指可能引起突发事件的潜在有害因素。风险包括可能性和不利后果两个要素，可能性是风险发生的概率，不利后果是风险变为现实后可能造成的影响。从风险与突发事件的关系来看，风险是突发事件的潜在形式，即风险一旦成为现实，就构成了突发事件。

2）灾害

灾害是对能够给人类和人类赖以生存的环境造成破坏性影响的事物总称，在我国通常指的是自然灾害。

3）灾难

灾难是指因自然或人为因素导致的灾祸，会造成大量人员伤亡、财产损失，有时还会在一定程度上改变自然环境。灾难往往指严重的灾害或严重的事故。

4）事故

事故是指人们在为实现某种意图而进行活动的过程中，突然发生的、违反人的意志的、迫使活动暂时或永久停止的，对人员造成意外死亡、疾病等伤害或财产损失、环境破坏等情况的事件。当事故达到危害公共安全的程度时，就成为了事故灾难。

5）危机

危机也称危机事件，可以将其定义为一种使人们遭受严重损失或面临严重损失威胁的突发事件。从概念延伸内容上来看，危机与突发事件有交叉关系。有些危机属于政治、军事和外交领域，不属于本书中的突发事件的范畴，有些突发事件属于常规突发事件，没有达到危机的程度。因此，危机作为突发事件的一种形态，是影响较大、危害程度较高的重大突发事件或非常规突发事件。

2. 突发事件的基本类型和分级

（1）突发事件的基本类型

根据突发事件的发生过程、性质和机理，《国家突发公共事件总体应急预案》将其分为自然灾害、事故灾难、公共卫生事件和社会安全事件四类。

1）自然灾害

自然灾害由自然因素直接导致，主要包括水旱灾害、气象灾害、地震灾害、地质灾害、海洋灾害、生物灾害和森林草原火灾等。

2）事故灾难

事故灾难由技术系统的故障或人们无意的疏忽导致，主要包括工矿商贸等企业的各类安全事故、交通运输事故、公共设施和设备事故、环境污染和生态破坏事件等。

3）公共卫生事件

公共卫生事件由生物的、物理的、化学的因素作用于人体或由动植物导致，主要包括传染病疫情、群体性不明原因疾病、食品安全、职业危害、动物疫情以及其他严重影响公众健康和生命安全的事件。

4）社会安全事件

社会安全事件由一定的社会问题诱发或人的故意行为所致，主要包括恐怖袭击事件、经济安全事件和涉外突发事件等。

（2）突发事件的分级

《突发事件应对法》规定，按照社会危害程度、影响范围等因素，自然灾害、事故灾难、公共卫生事件分为特别重大、重大、较大和一般四级。

1）特别重大突发事件

特别重大突发事件是指事态非常复杂，对一个或多个省份的社会稳定、社会秩序造成严重危害和威胁，已经或可能造成特别重大人员伤亡、财产损失或环境污染等后果，需要国务院或其组成部门调度全国资源进行处置的突发事件。

2）重大突发事件

重大突发事件是指事态复杂，对多个县（市）级辖区范围内的社会财产、人身安全、政治稳定和社会秩序造成严重危害和威胁，已经或可能造成重大人员伤亡、财产损失或生态环境破坏后果，需要省级政府调度辖区有关资源进行处置的突发事件。

3）较大突发事件

较大突发事件是指事态比较复杂，仅对县（市）级辖区一定范围内的社会财产、人身安全、政治稳定和社会秩序造成严重危害和威胁，已经或可能造成较大人员伤亡、财产损失或环境污染等后果，但只需要事发地县（市）级辖区政府调度辖区有关资源就能够处置的突发事件。

4）一般突发事件

一般突发事件是指事态比较简单，仅对某辖区较小范围内的社会财产、人身安全、政治稳定和社会秩序造成严重危害和威胁，已经或可能造成人员伤亡或财产损失，但只需要事发地单位或社区调度辖区资源就能够处置的突发事件。

3. 突发事件的发生机理

(1) 自然灾害的发生机理

自然灾害是社会与自然综合作用的产物，自然灾害系统包含孕灾环境、致灾因子、受灾体和灾情四个要素。

1）孕灾环境

孕灾环境包括自然环境与人文环境。自然环境是由大气圈、岩石圈、水圈组成，人文环境是由人类圈和技术圈组成。

2）致灾因子

致灾因子是指孕灾环境中可能造成财产损失、人员伤亡、资源与环境破坏、社会系统混乱等的异变因子。

3）受灾体

受灾体是指各种致灾因子作用的对象，是人类及其活动所在的社会与各种资源的集合。

4）灾情

灾情是指在一定的孕灾环境和受灾体条件下，因灾导致在某个区域、一定时期内的生命和财产损失的情况。

(2) 事故灾难的发生机理

随着人们对事故发生的本质规律探究和对事故原因的认识不断深入，提出了许多种事故致因理论。以下介绍几种有代表性的事故致因理论。

1）海因里希因果连锁理论

海因里希因果连锁理论又称多米诺骨牌理论，由美国安全工程师海因里希首先提出，用以阐明导致伤亡事故的各种因素之间，以及这些因素与伤害之间的关系。该理论的核心思想是：伤亡事故的发生不是一个孤立的事件，而是一系列因素事件相继发生的结果。他首次提出了“事件链”重要概念，即伤害与各因素相互之间具有连锁关系，事故的发生是一连串事件按一定顺序互为因果依次发生的结果。在该理论中，各因素由 5 块“多米诺骨牌”组成，一块骨牌倒下，则将发生连锁反应，使后面的骨牌依次倒下。如果移去因果连锁中的任一块骨牌，则连锁被破坏，事故过程即被中止，达到控制事故的目的。海因里希模型这 5 块骨牌依次是：

①遗传及社会环境。遗传及社会环境是造成人的缺点的因素。遗传因素可能使人具有鲁莽、固执、粗心等不安全的性格；社会环境可能妨碍人的安全素质培养，助长其不良性格的发展。这种因素是因果链上最基本的因素。

②人的缺点。即由遗传和社会环境因素造成的人的缺点。人的缺点是使人产生不安全行为或造成物的不安全状态的因素。这些缺点既包括各类不安全性格，也包括缺乏安全生产知识和技能等后天不足方面的因素。

③人的不安全行为或物的不安全状态。即引起事故或可能引起事故的人的行为，或机械、物质的状态，它们是造成事故的直接原因。

④事故。事故是一种由于物体、物质或放射线等对人体发生作用，使人员受到或可能受到伤害的、出乎意料的、失去控制的事件。

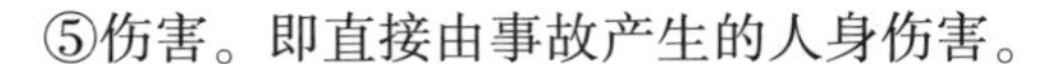

⑤伤害。即直接由事故产生的人身伤害。

2）能量转移理论

能量转移理论认为，事故是不正常的或不希望产生的能量释放，其转移到人体有两种基本的形式：一是能量的作用超过人体的承受能力，将造成人身伤害；二是人体与周围环境的正常能量交换受到干扰。根据这种理论，各种形式的能量是构成伤害的直接原因，人们要经常注意生产生活过程中能量的流动、转换，以及不同形式能量的相互作用，以防止能量的意外释放或逸出。

3）扰动起源论

扰动起源论认为，事件是构成事故的重要因素，任何事故处于萌芽状态时就有某种非正常的“扰动”，这个扰动就是起源事件。事件过程是一组自觉的或不自觉的指向某种预期的或不希望的结果相继出现的事件链，这种事件过程包含外界条件施加的影响，同时自身不断变化。相继事件过程是在自动调节的动态平衡中进行的。扰动起源论把事故看成从相继事件过程中的扰动开始，最后以伤害或损害而结束。该理论追究事故发生的根源，有助于防止一些危险源的存在，从而防止事故的发生。

4）轨迹交叉理论

轨迹交叉理论认为，生产操作人员与机械设备两种因素都会对事故的发生产生影响，但只有当两种因素同时出现时，事故才能发生。该理论的基本思想是：伤害事故是许多相互联系的事件顺序发展的结果，这些事件概括起来包括人和物两大发展系列。在事故发展进程中，人的因素的运动轨迹与物的因素的运动轨迹的交点，就是事故发生的时间和空间。人的事件链为：生理、心理缺陷，社会环境、企业管理上的缺陷，后天的身体缺陷，视、听、嗅、味、触五个感官能量分配上的差异，行为失误。物的事件链为：设计上的缺陷，制造、工艺流程上的缺陷，维修保养上的缺陷，使用、运转上的缺陷，作业场所环境上的缺陷。两链交叉构成事故。

5）综合原因理论

综合原因理论认为，事故是社会因素、管理因素和生产中的危险因素被偶然事件触发造成的结果，是由起因物和肇事人触发加害物于受伤害人而形成的灾害现象和事故经过。偶然事件之所以被触发，是由于事故直接原因的存在，直接原因又是由管理责任等间接原因导致的，而形成间接原因的因素包括社会经济、文化、教育、历史、法律等，统称为社会因素。事故的发生是多重原因综合作用的结果。

（3）公共卫生事件的发生机理

公共卫生事件的发生机理需要从公共卫生专业领域进行分析，专业性较强。以下以传染病发生机理为例做简要的分析。

传染病在人群中发生流行的过程，即病原体从感染者体中排出，经过一定的传播途径，侵入易感者机体而形成新的感染，并不断发生、发展的过程。传染病在人群中发生流行需要三个基本环节，即传染源、传播途径和易感人群。这三个环节相互依赖、相互联系，缺少其中任何一个环节，传染病的流行就不会发生。作为突发事件的传染病主要是指“爆发”级的传染病，爆发是指某地区传染病在短时间内发病人数突然增多的现象。

类似于传染病的爆发过程，大规模食物中毒等公共卫生事件也需要传染源、传播途径和易感人群三个基本环节。

（4）社会安全事件的发生机理

社会安全事件往往由各种社会矛盾引起。在特定条件下，社会矛盾积累到某个触发点爆发，便形成社会安全事件。“社会燃烧理论”对于这一过程做了详细描述。

社会燃烧理论指出，自然界中的燃烧现象，既有物理过程，也有化学过程。燃烧所必须具备的三个基本要素，即燃烧物质、助燃剂和点火温度，缺少其中任何一个要素，燃烧都不可能发生。相关学者应用该原理，将社会的无序、失稳及动乱，与燃烧现象进行了类比：引起社会无序的基本动因，即随时随地发生的“人与自然”关系的不协调和“人与人”关系的不和谐，可以视为使社会不稳定的“燃烧物质”；一些媒体的误导、过分的夸大、无中生有的挑动、谣言的传播、小道消息的流行、敌对势力的恶意攻击、非理性的推断、片面利益的刻意追逐、社会心理的随意放大等，相当于社会动乱中的“助燃剂”；具有一定规模和影响的突发性事件，通常可以作为社会动乱中的“点火温度”。

根据社会燃烧理论基本原理，当“人与自然”之间的关系达到充分平衡、“人与人”之间的关系达到完全和谐时，整个社会处于理论意义上绝对稳定的极限状态。但只要发生任何打破上述两大平衡与和谐关系的事物，都会给社会稳定状态以不同程度的“负贡献”（即形成社会动乱的“燃烧物质”），当此类“负贡献”的量积累到一定程度，并在错误的舆论导向煽动下（即相当于增加社会动乱的“助燃剂”），将会形成一定的人口数量密度和地理空间规模。此时，在某一“突发导火线”（即出现了社会动乱的“点火温度”）的激发下，就会导致社会安全事件的发生，即可发生社会失衡（不稳）、社会失序（动乱）或社会失控（暴乱）直至社会秩序崩溃。

4. 应急管理的定义和主要特征

（1）应急管理的定义

应急管理可以理解为，政府及其他机构与组织在突发事件的事前预防、应急准备、减灾、监测预警，事中应急响应，以及事后恢复重建过程中，通过建立必要的应急管理体制、机制、法制，采取一系列必要措施，应用科学、技术、规划与管理等手段，保障公众生命、健康和财产安全，保护环境与生态系统，促进社会和谐健康发展的有关活动。

根据《突发事件应对法》，可以对应急管理作出定义：应急管理是指政府和其他管理主体对突发事件的预防与应急准备、监测与预警、应急处置与救援、事后恢复与重建中的各种应对活动的管理。

（2）应急管理的主要特征

1）具有鲜明的公共性

应急管理不仅包括政府的相关管理，也包括企业和其他社会组织的相关管理。应急管理主体以政府为统领，主要是针对公共突发事件的管理，公权力机构依法对应急管理负有重要责任。国家和各级政府通过法律法规和各种公共管理工具为应急管理工作设定体系框架，而企业、社会组织、社区等的应急管理从属于国家的应急管理体系。所以应急管理具有鲜明的公共性。

2）以突发事件为中心

应急管理是围绕突发事件展开、以消除或削弱突发事件的负面影响为指向的管理。应急管理工作要围绕突发事件的全过程展开，在事前要尽量避免突发事件的发生、做好处置准备，事中要做好突发事件应急处置工作，事后要做好一系列善后工作。应急管理各阶段工作要彼此相互联系、相互衔接、相互支撑，形成良性循环。

3）宏观微观兼备

由于应急管理的公共性，所以其管理过程表现为一种宏观的公共政策过程；由于其以事件为中心的属性，所以应急管理过程也表现为一种特殊的微观管理操作过程。因此，应急管理是宏观和微观兼顾的管理。

5. 应急管理的核心理念

应急管理的核心理念包括应急管理使命、应急管理愿景、应急管理核心价值观以及应急管理工作原则。其中，应急管理使命是应急管理工作的根本定位和宗旨，应急管理愿景是应急管理的长远目标，应急管理核心价值观是应急管理主体的根本行为准则，应急管理工作原则是应急管理主体所遵从的基本工作指导方针。

（1）应急管理使命

使命，又称为宗旨或目的，是组织或个人的根本任务。应急管理以确保“人民安全”和支撑“安全发展”为使命。这样表述的理由是：第一，确保“人民安全”充分反映了我国的社会主义性质。第二，民族复兴、国家发展是我国经济社会发展的根本战略性任务，“安全发展”是实现这一任务的重要保障。第三，“人民安全”在先，“安全发展”在后，反映出两者之间的优先顺序，体现出人的生命最为重要的伦理观念。这一使命应当成为各级政府、各有关机构和应急管理者都自觉追求的应急管理使命。

（2）应急管理愿景

愿景，又称为远景目标或战略愿景，通常是由领导倡导的人们心目中的未来景象。应急管理愿景是应急管理工作的长远战略目标。2015 年，习近平总书记在中央政治局第二十三次集体学习时强调，公共安全连着千家万户，确保公共安全事关人民群众生命财产安全，事关改革发展稳定大局。要牢固树立安全发展理念，自觉把维护公共安全放在维护最广大人民根本利益中来认识，扎实做好公共安全工作，努力为人民安居乐业、社会安定有序、国家长治久安编织全方位、立体化的公共安全网。

可以把全国应急管理工作的战略愿景确定为：构建全方位、立体化公共安全网。

（3）应急管理核心价值观

核心价值观是组织或个人的基本行为准则。应急管理核心价值观作为应急管理行为准则，是履行应急管理使命和实现应急管理愿景的精神保证。结合上述应急管理使命与愿景的要求，我们应当把下述准则作为我国应急管理机构和管理者共同遵从的核心价值观：

1）以人为本

对人的生命安全负责，以满足人的安全和生存需求为出发点，以人民满意为工作的根本衡量标准，把拯救生命作为应急决策的第一优先目标等，都是以人为本价值观的体现。

2）居安思危

增强忧患意识、居安思危、有备无患，是无数历史经验的总结，是中华民族智慧的重要体现。

3）迅速行动

应急管理关乎人的生命安全。不论是在平时的预防准备，还是在“战时”的应急救援处置，把握时机、迅速行动都是最重要的行动原则之一。

4）求真务实

求真务实就是要坚持问题导向，从人民群众反映最强烈的问题入手，高度重视并切实解决公共安全面临的一些突出矛盾和问题，着力补齐短板、堵塞漏洞、消除隐患，着力抓重点、抓关键、抓薄弱环节。

5）改革创新

我国的应急管理事业在制度上、能力上还有很大的发展空间。以改革创新精神引领应急管理工作，有助于深化应急管理体制、机制、法制的进一步变革，有助于在学习的基础上不断创新工作方式方法。

（4）应急管理工作原则

《国家突发公共事件总体应急预案》规定突发事件应对的工作原则为：

1）以人为本，减少危害

切实履行政府的社会管理和公共服务职能，把保障公众健康和生命财产安全作为首要任务，最大限度地减少突发公共事件及其造成的人员伤亡和危害。

2）居安思危，预防为主

高度重视公共安全工作，常抓不懈，防患于未然。增强忧患意识，坚持预防与应急相结合，常态与非常态相结合，做好应对突发公共事件的各项准备工作。

3）统一领导，分级负责

在党中央、国务院的统一领导下，建立健全分类管理、分级负责，条块结合、属地管理为主的应急管理体制，在各级党委领导下，实行行政领导责任制，充分发挥专业应急指挥机构的作用。

4）依法规范，加强管理

依据有关法律和行政法规，加强应急管理，维护公众的合法权益，使应对突发公共事件的工作规范化、制度化、法制化。

5）快速反应，协同应对

加强以属地管理为主的应急处置队伍建设，建立联动协调制度，充分动员和发挥乡镇、社区、企事业单位、社会团体和志愿者队伍的作用，依靠公众力量，形成统一指挥、反应灵敏、功能齐全、协调有序、运转高效的应急管理机制。

6）依靠科技，提高素质

加强公共安全科学研究和技术开发，采用先进的监测、预测、预警、预防和应急处置技术及设施，充分发挥专家队伍和专业人员的作用，提高应对突发公共事件的科技水平和指挥能力，避免发生次生、衍生事件；加强宣传和培训教育工作，提高公众自救、互救和应对各类突发公共事件的综合素质。

6. 应急管理的相关理论

（1）应急管理与协同学的结合

协同学中强调一个系统能否从无序向有序转化的关键在于组成该系统的各子系统在一定的条件下，通过非线性的相互作用能否产生相关效应和协同作用，并通过这种作用产生出结构和功能有序的系统。突发事件应急管理的协同合作机制是指，为及时、有效地预防和处置突发事件，政府、社会组织、企业、民众、媒体通过自觉地组织活动，使应急管理系统中的各种无序状态的要素转变为具有一定规则和秩序的相互协同的自组织状态，因而建立起来的应急工作制度、规则与程序。

应急管理协同学中涉及“跨部门协作”和“多元治理”理念，强调日益复杂的突发事件急需加强跨地区、跨部门的协同治理，构建应急管理协同网络，通过资源共享、信息共享、知识共享达到对应急管理的全覆盖。同时应重视系统的多元协同特征，应急管理协同学中的主体不仅仅是政府，还应该有意识地让更多的社会组织、企业、民众等通过有序的途径参与到突发事件应对的各个环节，充分发挥各个主体的优势，为政府分担、降低行政成本。

(2) 应急管理与经济学的结合

灾害经济理论从成本与效益的角度研究灾害。该理论认为，灾害会对宏观经济运行和个体行为产生影响，主要表现在以下几个方面：

1）灾后投资收益效应

内在的社会经济机制有足够的能力阻止绝大多数对经济和社会有威胁的次生灾害的发生，社会经济机制包括良好的市场条件下形成的经济调节机制和社会应急系统。

2）人力资本积累效应

在面临的风险冲击是短期和临时性的条件下，为了抵御短期风险和长期的潜在风险，人们就会学习新知识和新技术。同理，自然灾害作为短期风险会迫使人们学习新知识以防范外部冲击，进而提升自身的人力资本水平。

3）灾害与个人消费决策

灾害作为一种外部冲击，会导致灾后家庭收入降低，受收入变动影响，个人的消费行为也会发生变化，通过研究去发现灾害会提高保险消费水平。一方面，灾害会促使保险公司推出更加完备的保险方案；另一方面，灾害的严重损坏会促使人们去购买保险。

4）自然灾害与人口迁移

通过主动的迁移行为来改变初始的生存环境，迁移到更安全的地方以降低灾害风险的概率，从源头上减小灾害冲击对家庭生活质量的影响。

（3）应急管理与心理学的结合

灾害心理学是研究灾害与心理关系的科学，其主要任务是揭示受害者在灾害过程中的心理活动规律，是在灾害学和心理学的交叉点上产生的综合性应用心理学。灾后最常见的心理创伤被称为创伤后应激障碍，又称为灾害性心理应激事件。从临床心理学的角度来看，灾害性心理应激事件的防范和应对机制主要有两种：一种是心理干预，主要是指外界对受害者提供支持和帮助，使其心理创伤尽快得到抚慰；另一种是个体的自我调适，主要是指个体具有自我调适能力，面对灾害性心理应激事件，个体能对自身的认识、情感、行为等心理因素进行调整，有效地防范和应对心理应激。

（4）应急管理与传播学的结合

危机传播理论研究危机过程中的传播与沟通现象和规律，探讨通过媒介管理和沟通管理改善危机管理者的危机沟通工作。在危机面前，大众传媒可以成为社会风险的守望和预警者、社会舆论的引导者、集体行动的沟通者、不当行为的监督者、社会心理的救助者。在新媒体时代，危机管理者如何引导大众传媒发挥积极功能，控制谣言等负面信息的传播意义重大。

7. 应急管理“一案三制”体系

“一案三制”是应急管理体系中的应急预案和应急管理体制、机制、法制的简称。

（1）应急预案

应急预案，有时简称“预案”，是针对可能发生的突发事件，为保证迅速、有序、有效地开展应急与救援行动、降低人员伤亡和经济损失而预先制定的有关计划或方案。应急预案是应急管理的重要基础，按照不同的责任主体，我国的应急预案体系设计为国家总体预案、专项预案、部门预案、地方预案、企事业单位预案以及大型集会活动预案六个层次。

在我国应急管理体系设计之初，应急预案不单是为有效应对各类突发事件提供迅速、有效、有序的行动方案，而且还承担着“一案”促“三制”的作用。应急预案的编制与实施为应急管理体制、机制、法制的建设与完善提供了源源不断的动力和基础性支撑。我国建立统一领导、综合协调、分类管理、分级负责、属地管理为主的应急管理体制的构想直接来源于国家总体预案，各类应急管理机构包括应急指挥机构及其办事机构、专家咨询机构、应急救援队伍的设立和职责也体现了应急预案的要求。应急预案中的运行机制包括预防准备、监测预警、信息报告、决策指挥、公众沟通、社会动员、恢复重建、调查评估、应急保障等，成为各级政府突发事件应急管理全过程中各种规范化、程序化的方法与措施的基础。我国的国家级、省级应急预案发布后，在应急管理实践中发挥了重要的规范和指引功能，已经成为应急法律体系的一部分。此外，国家总体预案中的重要内容直接成为其后颁布的《突发事件应对法》中的条款。

（2）应急管理体制

应急管理体制是指各级政府或各类社会组织对应急管理的组织体系作出的制度性安排，包括机构设置、人员配备、物资装备配置、职责划分等。《突发事件应对法》规定，国家建立统一领导、综合协调、分类管理、分级负责、属地管理为主的应急管理体制。

（3）应急管理机制

应急管理机制是指各级政府或各类社会组织在应急管理工作中探索出的行之有效的各种规范化、程序化的方法与措施。应急管理机制涵盖突发事件事前、事发、事中和事后全过程，主要包括预防准备、监测预警、信息报告、决策指挥、公众沟通、社会动员、恢复重建、调查评估、应急保障等内容。《国家突发公共事件总体应急预案》提出要构建“统一指挥、反应灵敏、功能齐全、协调有序、运转高效的应急管理机制”。

（4）应急管理法制

应急管理法制是指在深入总结应急管理实践经验的基础上，将应急管理的政策、体制、机制上升为一系列法律、法规和规章，使突发事件应对工作基本上做到有章可循、有法可依。我国目前已基本建立了以宪法为依据、以《突发事件应对法》为核心、以相关单项法律法规为配套的应急管理法律体系，应急管理工作也逐渐进入了制度化、规范化、法制化的轨道。

8. 应急管理过程

《突发事件应对法》规定，突发事件应对包括预防与应急准备、监测与预警、应急处置与救援、事后恢复与重建四个方面，这也通常被理解为应急管理过程的四个阶段。

（1）预防与应急准备

1）预防

预防是指为了消除危机出现的机会和减轻危机事件的危害所做的各种预防性工作。有的危机是可以预防的，有的危机是无法避免的，但可以通过采取措施减少危机事件的危害后果，最为普遍的措施就是做好风险管理工作，及早预测可能面临的风险及危害后果，从而制定和采取相应的预防措施。

2）应急准备

应急准备是指为了应对潜在危机事件所做的各种准备工作，主要包括应急体系建设规划与实施、应急预案管理，以及一系列应急保障准备。应急保障准备包括：建立预警系统，及时对事态作出准确评估；搭建信息平台，为应急指挥决策提供信息支撑；落实人力、物力、科技、产业等保障基础，注重设备的日常保养，使其随时都处于可动用状态。应急准备工作主要包括应急预案、人力准备、物资准备、科技准备等。

(2) 监测与预警

1) 监测

监测是指在突发事件发生前后，利用各种设备与人员等手段对自然灾害、事故灾难、公共卫生事件与社会安全事件的危险要素及其先兆进行持续不断的监测，收集相关数据与信息，分析与评估突发事件的发生可能性及其可能造成的严重后果，并及时向有关部门汇报监测情况，以便发布预警信息。监测有以下六层含义：一是监测时间涉及突发事件的事前、事中和事后全过程；二是监测的目的是为决策者提供决策参考，及时发布预警信息；三是监测的手段包括技术与人员两种方式；四是监测的对象是各类突发事件的危险要素及其先兆；五是监测的过程主要是对收集到的数据与信息进行研究判断，上报评估结果；六是监测的特征是实时地、动态地进行监视与测量。

2) 预警

预警是指根据监测得出的分析结果，在自然灾害、事故灾难和公共卫生突发事件可能发生或者到来之前，消息获知者将风险信息及时告知潜在的受影响者，使其做好相应的避险准备。预警有以下五层含义：一是预警发布时间是在突发事件还没发生，或者已经发生但是尚未到来之前，如果是在突发事件已经发生并且到来之后才对外发布信息，那就不再是预警范畴，而是事后公告；二是预警主体是提前获知突发事件即将或可能来临的组织或个人；三是预警客体是潜在的受影响者，包括灾民、应急管理机构、媒体、救援人员、志愿者等；四是预警内容是有关可能发生或者已经发生但是尚未到来的突发事件的风险信息及行动建议；五是预警目的是警告潜在的受影响者，并通过提供行动建议，促使其采取合理的避险措施。

（3）应急处置与救援

应急处置与救援可以分为以下 3 个阶段：

1）重点响应期

这一时期是基层紧急投入到拯救生命、各个层面紧急动员起来的紧急期。在一定程度上，这一时期也是无序期。到本期末，各个层级的应急指挥体系大多较为完整地建立起来，不少地方在本期末都要召开指挥部会议。

2）全面响应期

这一时期在黄金救援期内，既是各项抗震救灾工作全面展开的时期，也是此次抢险救灾的人员搜救、基础设施抢险任务异常繁重的时期。

3）深度响应期

这一时期是各项工作秩序基本形成，把受灾群众安置、次生灾害防治作为重点工作的时期。

（4）事后恢复与重建

突发事件的威胁和危害得到基本控制和消除后，应当及时组织开展事后恢复工作，以减轻突发事件造成的损失和影响，尽快恢复生产、生活、工作和社会秩序，妥善解决处置突发事件引发的矛盾和纠纷，并在条件允许时，对基础设施等进行升级重建。

9. 应急管理的主要职能

应急管理的主要职能有计划、组织、领导、沟通和控制。应急计划是指应急管理机构针对突发事件的预防与应急准备、监测与预警、应急处置与救援、事后恢复与重建等应对活动制定并实施战略规划、行动方案的过程。应急组织是指在突发事件的各个环节，对应急管理主体和人力资源进行有效整合的机制与过程。应急领导是指在应急管理过程中，应急领导者把握自我、动员他人、完成突发事件应对任务的领导行为。应急沟通是指政府和其他应急管理主体，与其体系内部及媒体、公众等受众沟通信息、相互交流的过程。应急控制是指在应急管理工作中，应急管理主体对相关单位、组织和人员的活动进行监督检查，从而能够全面妥善地应对和处置突发事件的过程。

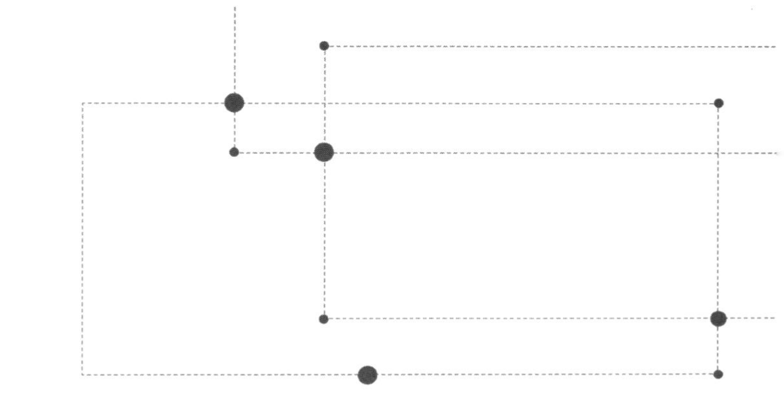

第 2 章

应急准备

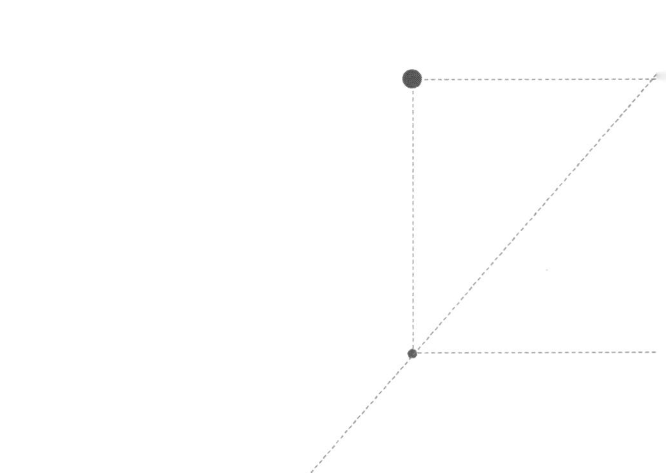

10. 应急准备的定义和内容

（1）应急准备的定义

应急准备又称为“备灾”，是指通过计划、组织、装备、培训、演练、评估、改进等过程，建立和维持各类组织与个人的必要能力，以便其能够积极主动地采取行动，对突发事件进行预防、减灾、监测预警、应急响应、恢复重建，从而避免和减轻突发事件可能造成的损失。

（2）应急准备的内容

1）预案管理

应急预案的制定和管理水平是衡量应对突发事件能力的重要标准。预案制定工作要通过调查和分析，针对突发事件的性质、特点和可能造成的社会危害，制定一系列的操作流程，其内容一般包括：组织体系与职责、预防与预警机制、应急响应机制、应急保障机制、恢复与重建措施。要加强预案演练与宣传，增强作业人员应急意识和应急技能，通过演练和实战检验预案的成熟度，为实际应对工作做好准备。

2）人力准备

突发事件频繁发生，其高效应对对人力资源有很高的要求，需要造就一批具有战略眼光，具有科学决策能力、较强组织协调能力、良好沟通能力的领导者；培养一批执行能力强的应急管理工作人员；培养一批有基本应急物资条件的社会力量。可以通过开展应急科普宣传和培训来增强公众的应急意识和应急能力。

3）物资准备

建立应急物资储备和应急物资生产能力保障制度，健全重要应急物资的监督、生产、储备、调拨和紧急配送体系。其目的在于，当突发事件发生时，能够在充分物资保障条件下，有效应对各种紧急情况。

4）科技准备

科技作为处置突发事件的重要保障手段已越来越受到人们的重视。政府要加大应急科技投入，加快新技术、新工艺和新设备的运用，要针对应急管理重点难点问题，开展联合科研攻关，不断增强科技在应急管理工作中的支撑作用。

11. 应急准备体系结构

（1）应急准备的对象

应急准备的对象应该包括所有类型的突发事件，既包括常规的自然灾害、事故灾难、公共卫生事件和社会安全事件，也包括发生概率较低但后果十分严重的非常规突发事件。可以通过风险评估分析找出区域内最可能发生的突发事件，以及通过战略预见性思维，构想出非常规的突发事件，并按照规范化的描述方法，形成一系列典型的规划情景，以作为开展应急准备工作的“标靶”。

（2）应急准备的使命领域

应急管理工作包括突发事件的预防、监测预警、应急响应、恢复重建等阶段，以及减灾和应急准备两类为减轻事件损失而开展的行动。应急准备过程应该包括所有这些使命领域的能力准备。通过全面分析这些使命领域的通用任务、核心能力以及期望达到的能力目标，可以为应急准备活动设定目标。通过评估现有能力水平，并与能力目标进行比较，就可以找出应急准备工作中的差距和努力的方向。

（3）应急准备的责任主体

应急准备关系所有的社会成员，其责任也必须由全社会共同承担，包括政府、应急机构、应急队伍、社会组织、社区、家庭和个人等。由于应急管理在现代社会中已成为政府的一项基本社会管理职能，因此，政府在应急准备中处于主导地位，其他社会成员也要积极参与，各自承担起一定的职责。

（4）应急准备的社会基础

一个社会的法律法规、政府体制、社会发展水平、科学技术水平、教育水平、经济实力、方针政策、理论方法、应急文化和风险意识等，既构成了应急准备的基本社会环境，同时也为应急准备提供资金、人力、资源、理论、方法、政策等方面的支撑。

（5）应急能力

人力、装备、物资等基本物资要素，通过规划、组织领导、教育培训、演练评估等非物资要素相组合，可形成减灾、准备、预防、监测预警、应急响应、恢复重建各使命领域所需要的各种应急能力单元。通过规划，将应急能力单元与特定的组织体系、运行机制、职责分工、资源配置方案、演练和实战、经验教训等集成起来，就可形成应对相应类型突发事件的制度性安排，包括各种预案、方案、计划、指南、手册等。

（6）评估和改进

通过定期评估能力、资源和预案等，可以确定它们是否仍然适用或需要加以改进。这些评估应基于最新的风险评估结果，并利用在验证过程中收集到的信息。

12. 应急准备过程

应急准备的基本过程包括 6 个方面。

（1）识别和评估风险

对所面临的一系列风险的识别平台进行开发和维护，并且将信息用于建立和维持应急准备。收集有关威胁和灾害的信息，评估其后果或影响。

（2）估计能力需求

确定能力需求可以采用情景分析的方法，其基本步骤包括定义情景、识别任务、确定关键任务、分析需要的能力、确定优先能力、确定能力目标。

（3）建立和维持所需能力水平

在分析现有的和所需要的能力并查明能力差距后，可以根据所期望的结果、风险评估以及若不解决差距则可能产生的后果等，对这些差距进行排序，最大限度地确保安全性和恢复力。建立和维持能力是一个组织资源、装备、培训和教育的综合过程。

（4）规划应用能力

对低概率、严重后果的非常规突发事件进行规划是一项复杂的任务，是通过思考潜在的危机并提高判断能力，解决风险评估过程中发现的集合风险等问题。

（5）验证能力

定期开展针对特定情景的应急演练活动，不仅可以检验预案和培训队伍，而且可以检验在应急能力改善和提升方面的情况，尤其是验证突发事件发生后的应急处置，更是对应急能力提升的实践要求。在演练与实践中应该观察并记录应急能力的表现情况，事后提交评估总结报告。

（6）评估和更新

根据演练和实战情况，应适时或定期开展应急能力和应急绩效评估，总结吸收经验教训。可采取自评、专家评估、演练评估、信息系统自动评估等多种方式。评估结果可反映一个地区或单位应急能力的全方位指标，分析评估结果可以使有关决策者更清楚地了解应急能力现状，更合理地配置应急资源。

13. 应急准备规划分类

应急准备规划是指在突发事件发生前，针对突发事件应急管理全过程的各使命领域而开展的各种规划。其内容包括：事先消除或减轻突发事件影响的减灾土地利用规划；增强应急能力的应急能力发展与建设规划；明确事中应急响应行动体制机制安排的应急响应行动规划；事后灾区的灾后恢复与重建规划等。

（1）减灾土地利用规划

减灾土地利用规划是在区域或城乡土地安全利用规划中，考虑如何减轻和消除自然和人为灾害风险的规划。减灾土地利用规划明确了一个辖区的土地利用与建筑规划的政策、土地管理和建设标准等，从而降低社区的灾害风险和脆弱性。目前，我国的减灾土地利用规划主要是区域、城市规划中包含的综合减灾专项规划或防灾减灾专篇。

（2）应急能力发展与建设规划

应急能力发展与建设规划是通过对已经存在的各类灾害风险进行分析，并对应急管理的体系及相关能力进行布局安排，避免或有效应对各类突发事件的规划。目前，我国主要有两类应急能力发展与建设规划：一类是由专业性部门编制的针对特定灾害的专项规划，如国家防震减灾规划、全国山洪灾害防治规划等；另一类是由综合应急管理部门编制的应急管理发展或应急体系建设规划，这类规划的成果文件通常属于各级政府国民经济与社会发展规划体系中的专项规划。

（3）应急响应行动规划

应急响应行动规划是对应急响应过程的行动作出一系列制度性安排的规划，通常也被称为应急预案。

（4）灾后恢复与重建规划

灾后恢复与重建规划是为解决灾区灾后恢复与重建问题而开展的专门规划。例如，我国在 2008 年 5 月 12 日发生汶川特大地震后，紧急启动了专门针对汶川特大地震的国家级灾后重建规划工作，包括总体规划和专项规划，灾区地方政府也据此编制了相关规划或实施方案。

14. 应急准备评估方法

应急准备评估就是对应急准备所取得的成效进行评估，其目的是了解目前的准备程度，应急准备努力与投资的效果，存在的差距和改进的方向等。根据评估目的以及评估资源不同，可以采用多种不同的应急准备评估方法。

（1）基于结果的评估方法

根据结果来评估应急准备的成效。主要有两种方法：一是根据对真实事件应急处置效果的评估总结，来评判应急准备的效果；二是采用应急演练的方式模拟事件处置过程，从而对应急准备情况进行检验。

（2）基于资源的评估方法

应急资源是应急能力的重要基础。由于资源的数量便于统计，所以很多时候可以通过统计分析各类应急资源的存量、增量、资源覆盖范围、资源利用效率等，大致反映应急准备的成果。

（3）基于风险的评估方法

风险是突发事件发生的根本原因。通过评估各类突发事件风险的变化，或者区域性综合风险的变化，也可以反映应急准备的成效，有时还将风险评估简化为统计分析各类突发事件所造成的人员伤亡和经济损失等。由于风险变化的缓慢性，以及各类事件发生的偶然性，使用基于风险的评估方法，只有在较长的时间范围或较大的空间范围内才有意义。

（4）基于能力的评估方法

主要是通过评估能力的提升，或者需要的能力与现有能力之间的差距变化情况，来反映应急准备的成效。

15. 应急准备持续改进

应急准备持续改进是指通过现代管理科学的 PDCA 循环过程，实现应急准备工作的不断改进，使应急准备水平得到逐步提高。管理循环（PDCA 循环）是由美国质量管理专家戴明博士提出的。其中，P 是指计划（Plan），D 是指执行（Do），C 是指检查（Check），A 是指行动（Action）。PDCA 循环是能使任何一项活动有效进行的一种合乎逻辑的工作程序，特别是在质量管理中得到了广泛的应用。

应急准备目标的实现是一个长期的过程。PDCA 循环的持续改进过程通常包括以下主要过程要素：

（1）计划（P）

通过风险评估和能力差距分析，估计能力需求并确定能力建设的目标，形成建立完善能力的规划和计划。

（2）执行（D）

包括建立完善应急能力单元，通过规划和应急预案等集成应急能力，以及通过应急培训与演练提升应急能力。

（3）检查（C）

通过对应急准备效果的评估，或者通过实际事件行动中的表现，来验证并发现应急准备或者应急能力的不足。

（4）行动（A）

根据检查中发现的不足，提出改进方案，并将其纳入下一周期的应急准备 PDCA 循环过程。

16. 应急准备文化结构

应急准备文化是指与应急准备活动有关的科学知识、意识形态、价值观念、思想伦理道德、政治和法律、哲学和宗教、社会心理等文化观念、行为准则及素质。

应急准备文化包括潜在假设层、外显价值观层和表现层。潜在假设层由人类通过长期应急实践和意识活动孕育成的价值观念、思维方式等构成，是应急文化的核心。外显价值观层是指人类在应急实践中形成的各种与应急准备相关的社会规范，包括法律法规、体制机制、道德标准、社会关系、防灾减灾的民风民俗等。表现层是物化的人类应急知识，是人类预防应对突发事件的生产活动及其产品的总和。

(1) 应急准备价值观

价值观念和思维方式是对客观事物重要性评价的客观反映。以人为本、生命至上，安全第一、预防为主，积极主动、风险管理等，都是应该积极倡导的应急准备价值观。

(2) 应急准备社会规范

应急准备社会规范是指应急准备过程中人与人、人与事、人与物的作用规则与边界，它规定了突发事件预防与准备、应急监测与预警、应急处置与救援和事后恢复与重建各阶段的行为方式。社会规范与经济社会发展现状，以及传统文化、人口素质等因素相关。

（3）应急准备知识与实体

应急准备知识与实体是指政府与社会运用物资、技术和管理等方式与手段物化的知识、符号和实体的集合，包括组建应急组织机构和应急教育培训机构、编制应急预案和操作规程、储备应急物资、设立避难场所、规范逃生救援标志、建造灾难事件陈列馆、举办重大灾难纪念活动等，为应急准备、事件处置与救援、灾后心理恢复、地方重建和经验教训总结提供基础支持。

17. 应急准备文化发展路径

（1）公民是应急准备文化建设的动力来源

公民应该主动接受应急教育和培训，培养自主的应急准备意识，以一种积极主动、为自己和他人负责的态度学习应急知识，从自身实践和他人的经历中吸取经验教训，提高灾难预防和自救互救的能力。

（2）社区是应急准备文化建设的中坚力量

加强社区组织制度建设，为应急准备文化建设提供良好环境，应经常性地开展应急主题教育、应急演练、科普宣教等活动，将社区塑造成培育应急准备文化的摇篮。

（3）政府是应急准备文化建设的主导力量

政府应通过完善立法，为应急准备文化建设提供法律保障。政府必须建立完整且运转高效的应急管理体系，动员全社会的参与，建立与不同社会主体间的沟通与协调机制。政府还应当以有效的方式传播应急知识，开展应急培训和应急演练，培育公民正确的应急准备意识。

（4）积极发挥市场机制、社会组织、志愿者的作用

应提高我国公民的保险意识，利用社会保险机制，借助市场力量培育风险分担的应急准备文化。鼓励公益性社会组织在防灾减灾项目运作、教育培训和宣传等方面的独特优势，以潜移默化的形式促进应急准备文化的成长。积极培育应急志愿者队伍，通过志愿服务推动人人参与的应急准备文化氛围的形成。

18. 应急预案体系

应急预案体系是对各类应急预案进行分类和集成的基本框架。在纵向层次分类上，通常是按照行政管理层级或突发事件分级响应的层级进行划分；在横向并行分类上，通常按照不同的责任部门或突发事件的类别进行分类。对不同的应急管理的责任主体而言，其应急预案体系并不完全相同。

《突发事件应对法》对突发事件应急预案体系作出明确规定。《突发事件应急预案管理办法》对应急预案的分类和内

容、编制、审批、备案、公布、演练、评估和修订等做了更具体的规定。总体来看，我国目前已形成“横向到边、纵向到底”的预案体系，按照“统一领导、分类管理、分级负责”的原则，根据不同责任主体，我国突发事件应急预案体系可划分为国家总体应急预案、专项应急预案、部门应急预案，各级地方政府应急预案，企事业单位和基层组织应急预案，以及大型活动应急预案等不同类别。

应急预案根据所规定内容从抽象到具体的概念可划为战略、行动和战术三个层级，战略预案为行动预案设定情景和预期，而行动预案为战术预案提供框架，所有三个层级的预案在各层级的政府中都会出现。不同的概念层级的预案，主要反映的是对突发事件细节的确定性程度，或者说预案可适用的时间长短的差异，而不是行政层级的差别。适用期越长的预案，对未来分析预测的不确定性越高，其目标就更宏观，任务更通用，行动细节就越少。因此战略预案的适用期通常为数年至数十年，行动预案的适用期为数月至数年，战术预案的适用期为事件发生后或即将发生的期间。

19. 紧急疏散和应急避难场所

（1）紧急疏散

紧急疏散是指突发事件发生时，一个有组织和有准备的机构按照预案启动、运转、结束的全过程。疏散安置的组织人员应以最小行政区划单位负责人为主体，社区、村、物业管理公司、场所所有权单位、辖区派出所、医疗机构、志愿者队伍等人员都应当参加。

应预先设计并制作紧急疏散方案的平面示意图，也可根据实际需要，绘制其他不同功用的疏散安置图。示意图应以展板等形式，在显要位置及场所主要入口处进行展示。疏散路线的设计应本着安全、就近、快捷的原则，尽可能避开潜在危险区域。可设定多条疏散线路，避免疏散人群过度集中。应优先选择道路相对较宽，且两侧没有高大建筑物和次生灾害源的线路。

（2）应急避难场所

应急避难场所是应对突发公共事件的一项灾民安置措施，是现代化大城市用于民众躲避重大突发公共事件的安全避难场所，可分为三个层次：一是灾害刚发生至灾后数小时的紧急避难地，可以使用就近的绿地、公园、停车场、低密度的公共建筑区；二是灾后一天至数天之内的应急避难场所，以公园和空地为主，少部分为公共建筑；三是灾后十天至一个月甚至更长时间的临时安置所，以室内避难场所为主。

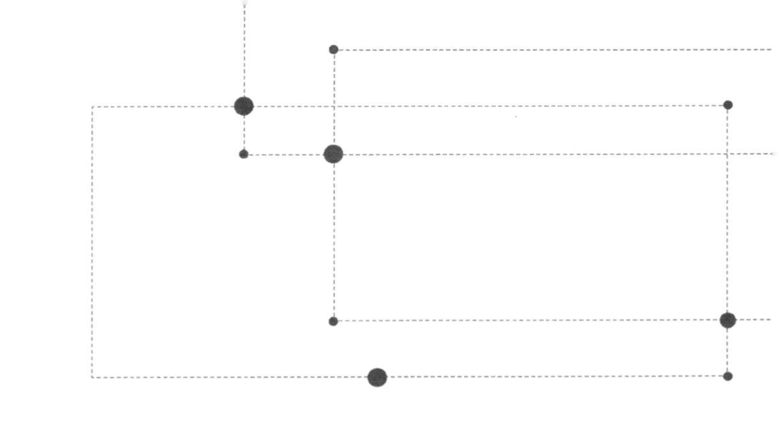

第3章

应急预案

20. 应急预案的含义和种类

（1）应急预案的含义

应急预案是各级政府及其部门、基层组织、企事业单位、社会团体等为了依法、迅速、科学、有序地应对突发事件，最大限度地减少突发事件及其造成的损害而预先制定的工作方案。应急预案提供了突发事件处置的基本原则，是突发事件应急响应的操作指南。

（2）应急预案的种类

根据国务院办公厅发布的《突发事件应急预案管理办法》，应急预案按照制定主体划分，分为政府及其部门应急预案、单位和基层组织应急预案两大类。

1）政府及其部门应急预案

政府及其部门应急预案由各级人民政府及其部门制定，包括总体应急预案、专项应急预案、部门应急预案等。

①总体应急预案是应急预案体系的总纲，是政府组织应对突发事件的总体制度安排，由县级以上各级人民政府制定。

②专项应急预案是政府为应对某一类型或某几种类型突发事件，或者针对重要目标物保护、重大活动保障、应急资源保障等重要专项工作而预先制定的涉及多个部门职责的工作方案，由有关部门牵头制定，报本级人民政府批准后印发实施。

③部门应急预案是政府有关部门根据总体应急预案、专项

应急预案和部门职责，为应对本部门（行业、领域）突发事件，或者针对重要目标物保护、重大活动保障、应急资源保障等涉及部门工作而预先制定的工作方案，由各级政府有关部门制定。

2）单位和基层组织应急预案

单位和基层组织应急预案由机关、企业、事业单位、社会团体和居委会、村委会等法人和基层组织制定，侧重明确应急响应责任人、风险隐患监测、信息报告、预警响应、应急处置、人员疏散撤离组织和路线、可调用或可请求援助的应急资源情况及如何实施等，体现自救互救、信息报告和先期处置的特点。

21. 应急预案的主要内容

(1) 基本预案

基本预案也称“领导预案”，是应急反应组织结构和政策方针的综述，还包括应急行动的总体思路和法律依据，指定和确认各部门在应急预案中的责任与行动等，其主要内容包括最高行政领导承诺、发布令、基本方针政策、主要分工职责、任务与目标、基本应急程序等。基本预案一般是对公众发布的文件。

基本预案可以使政府和企业高层领导从总体上把握本行政区域或行业企业系统针对突发事故应急的有关情况，了解应急准备状况，同时也为制定其他应急预案如标准化操作程序、应急功能设置等提供框架和指导。基本预案主要包括 12 项内容：预案发布令、应急机构署名页、术语和定义、相关法律和法规、方针与原则、危险分析与环境综述、应急资源、机构与职责、教育培训与演练、与其他应急预案的关系、互助协议、预案管理。

1）预案发布令

组织或机构第一负责人应为预案签署发布令，援引国家、地方、上级部门相应法律法规、规章以及相关规定，宣布应急预案生效。其目的是要明确实施应急预案的合法授权，保证应急预案的权威性。

2）应急机构署名页

在应急预案中，可以包括各有关内部应急部门和外部机构及其负责人的署名页，表明各应急部门和机构对应急预案编制的参与和认同，以及履行所承担职责的承诺。

3）术语和定义

应列出应急预案中需要明确的术语和定义的解释和说明，以便各应急人员准确地把握应急有关事项，避免产生歧义和因理解不一致而导致应急反应时发生混乱等。

4）相关法律和法规

在基本预案中，应列出明确要求制定应急预案的国家、地方及上级部门的法律、法规和规定，以及有关重大事故应急的文件、技术规范和指南性材料及国际公约，作为制定应急预案的根据和指南，使应急预案更具权威性。

5）方针与原则

列出应急预案所针对的事故（或紧急情况）类型、适用的范围和救援的任务，以及应急管理和应急救援的方针和指导原则。

6）危险分析与环境综述

列出应急工作所面临的潜在重大危险及其后果预测，给出区域的地理、气象、人文等有关环境信息。

7）应急资源

该部分应对应急资源作出相应的管理规定，并列出应急资源装备的总体情况，包括应急力量的组成，应急能力，各种重要应急设施设备、物资的准备情况，上级救援机构或相邻区域可用的应急资源。

8）机构与职责

应列出所有应急部门在突发事故应急救援中承担职责的负责人及其主要职责（详细的职责及行动在标准化操作程序中列出）。各部门和人员的职责应覆盖所有的应急功能。

9）教育培训与演练

为全面提高应急能力，应对应急人员培训、公众教育、应急演练作出相应的规定，包括内容、计划、组织与准备、效果评估、要求等。

10）与其他应急预案的关系

列出本预案可能用到的其他应急预案（包括当地政府预案及签订互助协议机构的应急预案），明确本预案与其他应急预案的关系，如本预案与其他预案发生冲突时应如何解决。

11）互助协议

列出不同政府组织、政府部门之间以及相邻企业之间或专业救援机构等签署的正式互助协议，明确可提供的互助力量（消防、医疗、检测）、物资、设备、技术等。

12）预案管理

应急预案的管理应明确负责组织应急预案制定、修改及更新的部门，应急预案的审查和批准程序，预案的发放、定期评审和更新规定等。

（2）应急标准化操作程序

应急标准化操作程序主要是针对应急活动执行部门，在进行某一项具体应急活动时所规定的操作标准。这种操作标准包括操作指令检查表和对检查表的说明，一旦应急预案启动，相关人员可按照操作指令检查表，逐项落实行动。

应急标准化操作程序是应急预案中最重要和最具可操作性的文件，回答的是在应急活动中谁来做、如何做和怎样做等一系列问题。突发事故的应急活动由多种功能组成，需要多个部门参加，所以每一个部门在应急响应中的行动和具体执行的步骤都要有操作程序进行指导。事故发展是千变万化的，会出现不同的情况，但应急的程序是有一定规律的，标准化的内容和格式可保证在错综复杂的事故中不会出现混乱。

22. 企业应急预案的编制

（1）应急预案编制的基本要求

应急预案的编制应当遵循以人为本、依法依规、符合实际、注重实效的原则，以应急处置为核心，明确应急职责，规范应急程序，细化保障措施。应急预案的编制应当符合有关法律、法规、规章和标准的规定；符合本地区、本部门、本单位的安全生产实际情况和危险性分析情况；明确应急组织和人员的职责分工，并有具体的落实措施；有明确、具体的应急程序和处置措施，并与其应急能力相适应；有明确的应急保障措施，满足本地区、本部门、本单位的应急工作需要；应急预案基本要素齐全、完整，应急预案附件提供的信息准确；应急预案内容与其他相关应急预案相互衔接。

(2) 应急预案编制的具体方法

企业主要负责人负责组织编制和实施本单位的应急预案，并对应急预案的真实性和实用性负责；各分管负责人应当按照职责分工落实应急预案规定的职责。应急预案编制具体方法如下：

1）编制应急预案应当成立编制工作小组，由本单位主要负责人任组长，吸收与应急预案有关的职能部门和单位的人员，以及有现场处置经验的人员参加。

2）编制应急预案前，编制单位应当进行事故风险评估和应急资源调查。其中，事故风险评估是指针对不同事故种类及特点，识别存在的危险、有害因素，分析事故可能产生的直接后果以及次生、衍生后果，评估各种后果的危害程度和影响范围，提出防范和控制事故风险措施的过程。应急资源调查是指全面调查本单位第一时间可以调用的应急资源状况和合作区域内可以请求援助的应急资源状况，并结合事故风险评估结论制定应急措施的过程。

3）企业应当根据有关法律、法规、规章和相关标准，结合本单位组织管理体系、生产规模和可能发生的事故特点，确立本单位的应急预案体系，编制相应的应急预案，并体现自救互救和先期处置等特点。

4）企业风险种类多、可能发生多种类型事故的，应当组织编制综合应急预案。综合应急预案应当规定应急组织机构及其职责、应急预案体系、事故风险描述、预警及信息报告、应急响应、保障措施、应急预案管理等内容。

5）对于某一种或者多种类型的事故风险，企业可以编制相应的专项应急预案，或将专项应急预案并入综合应急预案。专项应急预案应当规定应急指挥机构与职责、处置程序和措施等内容。

6）对于危险性较大的场所、装置或者设施，企业应当编制现场处置方案。现场处置方案应当规定应急工作职责、应急处置措施和注意事项等内容。事故风险单一、危险性小的企业，可以只编制现场处置方案。

7）企业应急预案应当包括向上级应急管理机构报告的内容、应急组织机构和人员的联系方式、应急物资储备清单等附件信息。附件信息发生变化时，应当及时更新，确保准确有效。

8）企业组织应急预案编制过程中，应当根据法律、法规、规章的规定或者实际需要，征求相关应急救援队伍、公民、法人或其他组织的意见。

9）企业编制的各类应急预案之间应当相互衔接，并与相关人民政府及其部门、应急救援队伍和涉及的其他单位的应急预案相衔接。

10）企业应当在编制应急预案的基础上，针对工作场所、岗位的特点，编制简明、实用、有效的应急处置卡片。应急处置卡片应当规定重点岗位、人员的应急处置程序和措施，以及相关联络人员和联系方式，便于人员携带。

（3）应急预案编制的工作程序

企业应急预案编制程序包括成立应急预案编制工作组、资料收集、风险评估、应急能力评估、应急预案编制和应急预案评审 6 个步骤。

1）成立应急预案编制工作组

企业应结合本单位各部门职能和分工，成立以单位主要负责人（或分管负责人）为组长，单位相关部门人员参加的应急预案编制工作组，明确工作职责和任务分工，制订工作计划，组织开展应急预案编制工作。

2）资料收集

应急预案编制工作组应收集与预案编制工作相关的法律、法规、技术标准、其他应急预案、国内外同行业企业事故资料，同时收集本单位安全生产相关技术资料、周边环境情况、应急资源等有关资料。

3）风险评估

风险评估的主要内容包括：分析企业存在的危险因素，确定事故危险源；分析可能发生的事故类型及后果，并指出可能产生的次生、衍生事故；评估事故的危害程度和影响范围，提出风险防控措施。

4）应急能力评估

在全面调查和客观分析企业应急队伍、装备、物资等应急资源状况基础上开展应急能力评估，并依据评估结果，完善应急保障措施。

5）应急预案编制

依据企业风险评估以及应急能力评估结果，组织编制应急预案。应急预案编制应注重系统性和可操作性，做到与相关部门和单位的应急预案相衔接。

6）应急预案评审

应急预案编制完成后，企业应组织评审。评审分为内部评审和外部评审，内部评审由企业主要负责人组织有关部门和人员进行，外部评审由企业组织外部有关专家和人员进行。应急预案评审合格后，由企业主要负责人签发实施，并进行备案管理。

23. 应急预案管理

（1）应急预案的评审

为保证应急预案的科学性、合理性以及与实际情况的符合性，需要对应急预案进行评审，评审分为内部评审和外部评审。参加应急预案评审的人员应当包括有关安全生产及应急管理方面的专家。评审人员与所评审应急预案的企业有利害关系的，应当回避。应急预案的评审或者论证应当注重基本要素的完整性、组织体系的合理性、应急处置程序和措施的针对性、应急保障措施的可行性、应急预案的衔接性等内容。

（2）应急预案的公布

企业的应急预案经评审或者论证后，由本企业主要负责人签署公布，并及时发放到本单位有关部门、岗位和相关应急救援队伍。事故风险可能影响周边其他单位和人员的，企业应当将有关事故风险的性质、影响范围和应急防范措施告知周边其他单位和人员。

（3）应急预案的备案

地方各级人民政府应急管理部门的应急预案，应当报同级人民政府进行备案，同时抄送上一级人民政府应急管理部门，并依法向社会公布。地方各级人民政府其他负有安全生产监督管理职责部门的应急预案，应当抄送同级人民政府应急管理部门。

易燃易爆物品、危险化学品等危险物品的生产、经营、储存、运输单位，矿山、金属冶炼、城市轨道交通运营、建筑施工单位，以及宾馆、商场、娱乐场所、旅游景区等人员密集场所经营单位，应当在应急预案公布之日起20个工作日内，按照分级属地原则，向县级以上人民政府应急管理部门和其他负有安全生产监督管理职责的部门进行备案，并依法向社会公布。

上述单位属于中央企业的，其总部（上市公司）的应急预案，报国务院主管的负有应急管理职责的部门备案，并抄送应急管理部；其所属单位的应急预案报所在地省（自治区、直辖市）或者设区的市级人民政府主管的负有应急管理职责的部门备案，并抄送同级人民政府应急管理部门。上述单位不属于中央企业的，其中非煤矿山、金属冶炼和危险化学品生产、经营、储存、运输企业，以及使用危险化学品达到国家规定数量的化工企业和烟花爆竹生产、批发经营企业的应急预案，按照隶属关系报所在地县级以上地方人民政府应急管理部门备案。

其他企业应急预案的备案，由省（自治区、直辖市）人民政府负有应急管理职责的部门确定。

油气输送管道运营单位的应急预案，除按照规定备案外，还应当抄送所经行政区域的县级人民政府应急管理部门。海洋石油开采企业的应急预案，除按照规定备案外，还应当抄送所经行政区域的县级人民政府应急管理部门和海洋石油安全监管机构。煤矿企业的应急预案，除按照规定备案外，还应当抄送所在地的矿山安全监察机构。

企业申报应急预案备案，应当提交的材料有应急预案备案申报表、应急预案评审意见、应急预案电子文档、风险评估结果和应急资源调查清单。

受理备案登记的负有安全生产监督管理职责的部门应当在5个工作日内对应急预案材料进行核对，材料齐全的，应当予以备案并出具应急预案备案登记表；材料不齐全的，不予备案，并一次性告知需要补齐的材料。逾期不予备案又不说明理由的，视为已经备案。对于实行安全生产许可的企业，已经进行应急预案备案的，在申请安全生产许可证时，可以不提供相应的应急预案，仅提供应急预案备案登记表。

24. 应急预案演练

（1）应急演练的目的

应急演练的目的是通过培训、评估、改进等手段，提高保护人民群众生命财产安全和综合应急的能力，说明应急预案的各部分是否能有效地付诸实施，验证应急预案对可能出现的各种紧急情况的适应性，找出应急准备工作中需要改善的地方，建立和保持可靠的通信渠道及应急人员的协同性，确保所有应急组织熟悉并能够履行其职责，找出需要解决的潜在问题。

(2) 应急演练的要求

应急演练的类型有多种，不同类型的应急演练虽有不同特点，但在策划演练内容、演练情景、演练频次、演练评价方法等方面具有共同性。应急演练的总体要求应满足符合规定、领导重视、科学计划、结合实际、突出重点、由浅入深、分步实施、追求实效、注重质量、兼顾效率等方面。

(3) 应急演练的种类

1）按应急演练的规模分类

①单项演练。单项演练是为了熟练掌握应急操作或完成某种特定任务所需技能而进行的演练。此类演练有通信联络程序演练、人员集中清点演练、应急装备物资到位演练、医疗救护行动演练等。

②组合演练。组合演练是为了检查或提高应急组织之间及其与外部组织之间的相互协调性而进行的演练。此类演练有应急药物发放与周边群众撤离演练、扑灭火灾与堵漏演练、关闭阀门演练等。

③综合演练。综合演练是应急预案内规定的所有任务单位或绝大多数相关单位参加的，为全面检查预案可执行性而进行的演练。此类演练比前两类演练更为复杂，需要更长的准备时间。

2）按应急演练的形式分类

①桌面演练。桌面演练是指由应急组织的代表或关键岗位人员参加的，按照应急预案及其标准操作程序，讨论发生紧急事件时应采取的行动的演练活动。一般是在会议室内举行的非正式活动。

②功能演练。功能演练是指针对某项应急响应功能或其中某些应急响应活动举行的演练活动。功能演练一般在应急指挥中心举行，并可调用有限的应急设备开展现场演练。

③全面演练。全面演练是指针对应急预案中所有或绝大多数应急响应功能，检验、评价应急组织应急运行能力的演练活动。全面演练一般要求持续几个小时，采取交互式方式进行，演练过程要求尽量真实，调用更多的应急响应人员和资源，并开展人员、设备及其他资源的实战性演练，以展示相互协调的应急响应能力。

（4）应急演练的实施

1）桌面演练的实施

桌面演练是在定向演练中通过小组讨论的方式解决基本问题的演练。桌面演练有较多的时间，可先介绍目的、范围和管理规章，然后由演练控制者进行场景叙述。场景是讨论计划条款和程序的起点，应该详细地指出特定位置、严重程度和其他相关问题。演练控制者必须控制讨论方向，以确保达到演练目标。在完成所有目标后，桌面演练结束。如果没有在允许时间内达到所有目标，演练控制者要决定继续演练还是结束演练。

2）功能演练和全面演练的实施

功能演练和全面演练的方法基本相同且具有较高的真实

度，只在范围和复杂程度上有所区别。功能演练和全面演练有时不会通知演练人员确切的时间，一般在演练开始前演练人员仍在正常活动，这种“非注意”型演练可对报警和通知程序进行检测。功能演练和全面演练中，一般完成所有演练目标或到设定时间时演练才结束。由于日程设定有问题或其他原因而重新安排演练是不实际的，因此演练控制者必须保证演练能按时进行，可以在演练前做必要的调整。

（5）应急演练的总结

演练结束后，进行总结是全面评价演练是否达到演练目标、应急准备水平及是否需要改进的一个重要步骤，也为演练人员进行自我评价提供机会。演练总结可以通过访谈、汇报、协商、自我评价、公开会议和通报等形式完成。演练总结应包括如下内容：演练的背景，参与演练的部门和单位，演练方案和演练目标，演练情景，演练过程的全面评价，演练过程发现的问题和整改措施，对应急预案和有关程序的改进建议，对应急设备设施维护与更新的建议，对应急组织人员能力和培训的建议等。

25. 应急预案修订

应急预案编制单位应当建立定期评估制度，分析评价预案内容的针对性、实用性和可操作性，实现应急预案的动态优化和科学规范管理。应急预案必须进行持续改进，应急预案修订非常重要。为了不断完善和改进应急预案并保证预案的时效性，只有及时对预案进行修订，才能更有效地应对突发事件。

根据《突发事件应对法》的规定，应急预案制定机关应当根据实际需要和形势变化，适时修订应急预案。

根据《突发事件应急预案管理办法》的规定，有下列情形之一的，应当及时修订应急预案：有关法律、行政法规、规章、标准、上位预案中的有关规定发生变化的；应急指挥机构及其职责发生重大调整的；面临的风险发生重大变化的；重要应急资源发生重大变化的；预案中的其他重要信息发生变化的；在突发事件实际应对和应急演练中发现问题需要作出重大调整的；应急预案制定单位认为应当修订的其他情况。

根据《生产安全事故应急条例》的规定，生产安全事故应急救援预案应当符合有关法律、法规、规章和标准的规定，具有科学性、针对性和可操作性，明确规定应急组织体系、职责分工以及应急救援程序和措施。有下列情形之一的，生产安全事故应急救援预案制定单位应当及时修订相关预案：制定预案所依据的法律、法规、规章、标准发生重大变化；应急指挥机构及其职责发生调整；安全生产面临的风险发生重大变化；重要应急资源发生重大变化；在预案演练或者应急救援中发现需要修订预案的重大问题；其他应当修订的情形。

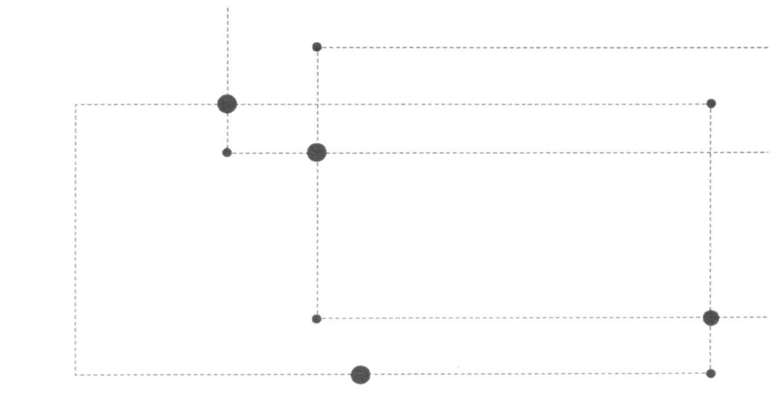

第 4 章

应急监测与预警

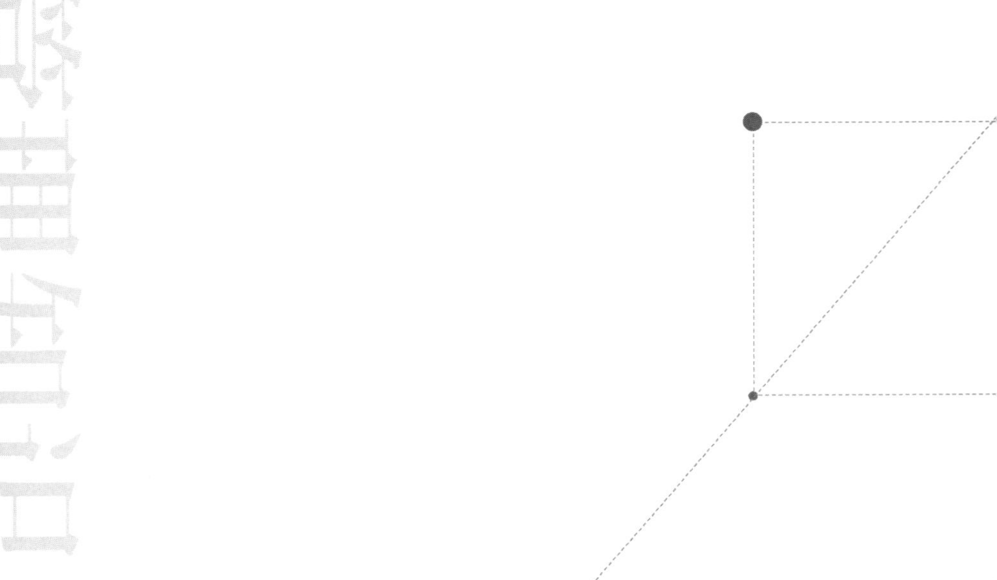

26. 监测的定义和监测机制

(1) 监测的定义

监测是指有关部门或企事业单位在突发事件发生前后，利用各种仪器、设备等手段对自然灾害、事故灾难、公共卫生事件与社会安全事件的危险要素及其先兆进行持续不断监测的过程，其目的是收集相关数据与信息，分析与评估突发事件的发生可能性及其可能造成的后果，并及时向有关部门汇报监测情况，以便发布预警信息。

(2) 监测机制

1）监测机制的定义

监测机制是由一定的监测目的所决定的监测系统内各组成要素之间的相互关系和运行方式，其核心是相互关系和运行方式，关联要素是监测主体和监测对象，支持要素是时间、空间以及介质。其中，监测系统是指由监测主体、监测对象和监测介质组成的用于实现监测目的的系统。监测主体是实施监测的个人或者组织；监测对象既可分为直接对象和间接对象，还可分为数据对象和实体对象；监测介质可以分为软介质和硬介质，分别指监测技术和监测设备。

2）监测机制的设计原则

监测机制需要遵循的原则有目的性第一原则、及时性原则以及稳健性原则。目的性第一原则要求在进行监测机制设计时，首先要明确监测的目的，因为监测的目的决定了监测机制的设计，从而决定了监测机制的组成和运行模式。及时性原则要求在突发事件发生前，监测机制能够及时、快速地识别突发事件的预兆和早期信号，避免事件的发生。稳健性原则要求监测机制的运行不能因某个环节的错误而中断，因而在监测机制的设计环节中要考虑监测信息传递的多渠道模式。

27. 预警的定义和要求

（1）预警的定义

预警是指有关部门与企事业单位根据特定突发事件的特点，以及监测和收集获得的突发事件信息和事先确定的预警阈值，在进行综合分析的基础上，及时、准确地向有关部门和机构报告并向公众发布预警信息，同时接收有关决策部门的反馈信息的过程。预警有助于及早采取有效的应急措施，达到及早控制事件或防止事件扩大的目的。

（2）预警的要求

对突发事件预警的要求：一是快速性，即突发事件预警系统的第一要务就是建立灵敏快速的信息搜集、信息传递、信息处理、信息识别和信息发布系统；二是准确性，即为了应对现代社会复杂多变的信息，预警不仅要求快速搜集和处理信息，更重要的是要对复杂多变的信息作出准确的判断；三是公开性，即预警信息一经确认，就必须客观、如实地向社会公开发布。

28. 监测与预警的目标和原则

（1）监测的目标和原则

监测的目标是加强对自然灾害、事故灾害、公共卫生事件和社会安全事件的发生、发展及衍生规律的掌控和研究，完善监测预警网络，提高综合监测和预警水平，确保风险隐患能够被早发现、早研判、早报告、早处置、早解决。

突发事件监测需要遵循以下工作原则：一是依法监测，要依据与突发事件监测相关的法律、法规、规章和制度开展监测工作；二是客观公正，不断完善监测标准，如实客观记录风险隐患情况，经过评估可以真实反映突发事件发展趋势；三是重点监测，由于影响突发事件的因素众多，因此实际工作时要对危害性和可能性大的风险隐患实行重点监测；四是信息保密，对属于保密信息的监测数据，检测机构及其工作人员不得擅自泄露；五是专业监测与社会监测相结合，在重视基于科学基础的专业监测的同时，重视广大群众在风险监测中发挥的重要作用，构建全方位、立体式的监测体系。

（2）预警的目标和原则

预警是应急管理的重要环节之一。科学的预警可以使应急管理人员和公众及时了解和掌握灾害的类型、强度及演变态势，为抑制灾害的进一步发展，防范次生、衍生灾害的发生提供客观依据，为实现“预防为主，关口前移”的应急管理提供科学支撑。

预警的目标主要是及时发布预警信息，确定科学有效的预警措施，有效降低即将发生的突发事件的危害。具体说，是通过迅捷、有效的手段将预警信息传递给广大受突发事件影响的区域和人员，提高这些区域和人员在灾情扩大或爆发前采取有效对策的能力，从而实现超前部署、及时部署，防患于未然。

突发事件预警应遵循以下原则：

1）时效性原则

从突发事件出现征兆到全面爆发具有很强的不确定性，事态演变极其迅速，所以需要借助先进的现代信息技术，及时、准确、全面地捕捉征兆，并对各类信息进行多角度、多层面的研判，及时向相关群体传递并发出警示。因此，预警工作的开展一般需要建立灵敏、快速的信息搜集、信息传递、信息处理、信息识别和信息发布系统，这一系统的任何一个环节都必须建立在快速的基础上。失去了时效性，预警就失去了意义。

2）准确性原则

预警还需要对复杂多变的信息尽可能作出准确的判断，这关系整个应急管理过程的成败。要在短时间内对复杂的信息作出正确判断，必须事先对各种可能的突发事件制定科学、规范的信息判断标准和确认程序，并严格按照信息判断标准和确认程序进行判断，避免信息判断及其过程的随意性。提高预警准确性的关键是提高科学技术水平。

3）动态性原则

预警信息的收集和发布是一个动态的过程。由于预警信息采样的变化和突发事件本身的动态性，使得某一时间发布的预警只是当时的判断结果。然而突发事件是在不断变化的，因此必须根据动态的判断结论对预警信息进行相应的调整。

4）多途径原则

突发事件预警机制建设必须综合考虑各种潜在的不稳定因素及其相互关联等复杂问题与状况。同时，突发事件预警涉及政府、企业、公民等多个组织和多个系统，是一个复杂的、综合的系统工程，需要彼此协调配合。

29. 突发事件信息系统

突发事件信息系统是指汇集、储存、分析、传输突发事件发生、发展情况的信息网络和体系。为了保证信息收集的质量，应坚持三个方面的原则：一是准确性原则。该原则要求所收集到的信息要真实可靠。当然，这个原则是信息收集工作的最基本的要求。为达到这样的要求，信息收集者就必须对收集到的信息进行反复核实、不断检验，力求把误差减少到最低限度。二是全面性原则。该原则要求所收集到的信息要广泛、全面、完整，只有广泛、全面地收集信息，才能完整地反映管理活动和决策对象发展的全貌，为决策的科学性提供保障。当然，实际所收集到的信息不可能做到绝对的全面、完整，因此，如何在不完整、不完备的信息下作出科学的决策就是一个非常值得探讨的问题。三是时效性原则。信息是否有利用价值取决于该信息是否能及时地提供，即它的时效性。信息只有及时、迅速地提供给它的使用者才能有效地发挥作用。特别是决策对信息的要求是“事前”的消息和情报，而不是“事后”的消息和情报。所以，只有信息是“事前”的，对决策才是有效的。

县级以上人民政府及其有关部门应当根据自然灾害、事故灾难和公共卫生事件的种类和特点，建立健全基础信息数据库，完善监测网络，划分监测区域，确定监测点，明确监测项目，提供必要的设备、设施，配备专职或者兼职人员，对可能发生的突发事件进行监测。突发事件基础信息数据库，是指应对突发事件所必备的有关危险源、风险隐患、应急资源（物资储备、设备及应急队伍）、应急避难场所（分布、疏散路线和容纳能力等）、应急专家咨询、应急预案、突发事件案例等基础信息的数据库。建立健全基础信息库，要求各级政府开展各类风险隐患、风险源、应急资源分布情况的调查并登记建档，为各类突发事件的监测预警和隐患治理提供基础信息。要统一数据库建设标准，实现基础信息的整合和资源共享，提高信息的使用效率。

30. 突发事件信息监测

（1）突发事件信息监测的分类

突发事件信息监测类别的划分由不同的分类标准而定。如果根据所监测的突发事件的种类划分，包括自然灾害、事故灾难、公共卫生事件和社会安全事件四大类突发事件监测；如果根据监测的具体内容划分，可分为气象监测、水文监测、地质监测、地震监测、海洋监测、农林病虫害监测、林业火灾监测、交通事故监测、卫生健康监测、社会舆情监测等；如果根据监测的组织层次划分，可分为国家综合台站监测、区域监测台站监测和地方监测台站监测等。

（2）突发事件信息监测的方法

信息监测一般要经过收集、传输和处理三个步骤，监测过程中各种常规方法往往与高科技相结合，其中传统的信息监测方法有视频图像监测、卫星遥感监测、雷达遥感监测、地理信息系统和全球定位系统。随着科技水平的提高，监控技术、遥感技术与定位技术不断发展，大数据、互联网技术也在突发事件监测与预警方面得到了更多的应用，使得监测与预警更加高效快捷。

31. 突发事件预警的级别与措施

（1）突发事件预警的级别

《突发事件应对法》规定，可以预警的自然灾害、事故灾难和公共卫生事件的预警级别，按照突发事件发生的紧急程度、发展势态和可能造成的危害程度分为一级、二级、三级和四级，分别用红色、橙色、黄色和蓝色标示，一级为最高级别。对于某些突发事件，预警也可能只分为两个或三个等级。

（2）突发事件预警的措施

1）可以预警的自然灾害、事故灾难或者公共卫生事件即将发生或者发生的可能性增大时，县级以上地方各级人民政府应当根据有关法律、行政法规和国务院规定的权限和程序，发布相应级别的警报，决定并宣布有关地区进入预警期，同时向上一级人民政府报告，必要时可以越级上报，并向当地驻军和可能受到危害的毗邻或者相关地区的人民政府通报。

2）发布三级、四级警报，宣布进入预警期后，县级以上地方各级人民政府应当根据即将发生的突发事件的特点和可能造成的危害，采取下列措施：

①启动应急预案。

②责令有关部门、专业机构、监测网点和负有特定职责的人员及时收集、报告有关信息，向社会公布反映突发事件信息的渠道，加强对突发事件发生、发展情况的监测、预报和预警工作。

③组织有关部门和机构、专业技术人员、有关专家学者，随时对突发事件信息进行分析评估，预测发生突发事件可能性的大小、影响范围和强度以及可能发生的突发事件的级别。

④定时向社会发布与公众有关的突发事件预测信息和分析评估结果，并对相关信息的报道工作进行管理。

⑤及时按照有关规定向社会发布可能受到突发事件危害的警告，宣传避免、减轻危害的常识，公布咨询电话。

3）发布一级、二级警报，宣布进入预警期后，县级以上地方各级人民政府应当针对即将发生的突发事件的特点和可能造成的危害，采取下列一项或者多项措施：

①责令应急救援队伍、负有特定职责的人员进入待命状态，并动员后备人员做好参加应急救援和处置工作的准备。

②调集应急救援所需物资、设备、工具，准备应急设施和

避难场所，并确保其处于良好状态，随时可以投入正常使用。

③加强对重点单位、重要部门和重要基础设施的安全保卫，维护社会治安秩序。

④采取必要措施，确保交通、通信、供水、排水、供电、供气、供热等公共设施的安全和正常运行。

⑤及时向社会发布有关采取特定措施避免或者减轻危害的建议、劝告。

⑥转移、疏散或者撤离易受突发事件危害的人员并予以妥善安置，转移重要财产。

⑦关闭或者限制使用易受突发事件危害的场所，控制或者限制容易导致危害扩大的公共场所的活动。

⑧法律、法规、规章规定的其他必要的防范性、保护性措施。

4）对即将发生或者已经发生的社会安全事件，县级以上地方各级人民政府及其有关主管部门应当按照规定向上一级人民政府及其有关主管部门报告，必要时可以越级上报。

5）发布突发事件警报的人民政府应当根据事态的发展，按照有关规定适时调整预警级别并重新发布。

6）有事实证明不可能发生突发事件或者危险已经解除的，发布警报的人民政府应当立即宣布解除警报，终止预警期，并解除已经采取的有关措施。

32. 突发事件信息报告

(1) 突发事件信息报告的原则

突发事件信息报告工作是维护社会稳定的重要内容。随着群众安全意识的提高，新闻媒体、社会舆论对突发事件的关注度越来越高，在信息处理方面稍有不慎就有可能造成民众恐慌，社会失稳。信息报告处理得当，有利于快速有效处置事件，避免产生严重的不良社会影响。为更好地发挥突发事件信息报告的作用，信息报告应遵循以下原则：分级报告原则（一般、较大、重大和特别重大四个级别）、主动性原则（主动调度核实突发事件信息并上报）、准确性原则（报告的信息符合完整性、真实性和有效性的要求）、时效性原则（快速掌握信息并报告信息）以及“零报告”原则（无论是否有新情况、新变化、新进展都要报告）。

(2) 突发事件信息报告的程序

在程序上，突发事件信息报告分为初报、续报和核报，也都具有其相应的报告时限。初报信息包括信息来源、接报时间、发生时间、伤亡人数、财产损失、造成后果、事件过程等基本内容；续报信息包括核实数据、危害程度、影响范围、处置措施、保障情况、事件处置进展情况等基本内容；核报信息包括在初报和续报的基础上汇总事件基本情况、处置情况、目前情况、下一步工作（包括善后、重建及评估）等内容。对突发公共事件及处置的新进展、可能衍生的新情况要及时续报，突发公共事件处置结束后要进行核报。

（3）突发事件信息报告的内容和方式

做好突发事件信息报告工作意义重大、影响深远，要求相关人员要从履行法定职责和及时处置突发事件的角度充分认识到工作的重要性和紧迫性。在信息报告内容方面，要求内容应该简明、准确，应包含事件的时间、地点、信息来源、起因和性质、基本过程、后果、影响范围、发展趋势、处置情况、拟采取的措施以及事发地现场应急管理人员信息和联系方式等要素。在信息报告方式方面，一般情况下通过书面形式报告，紧急情况下可先通过电话或口头报告，再书面报告。突发事件信息报告的手段有专用报告系统、电话、邮件、短信、微信等。

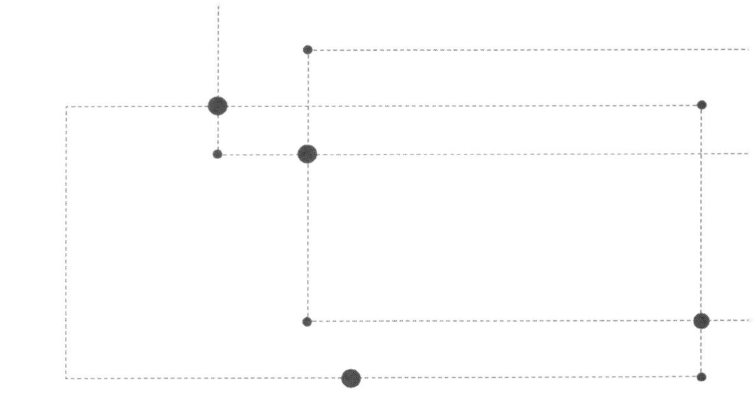

第 5 章

应急处置与救援

33. 应急处置与救援的含义

《突发事件应对法》规定，突发事件发生后，履行统一领导职责或者组织处置突发事件的人民政府应当针对其性质、特点和危害程度，立即组织有关部门，调动应急救援队伍和社会力量，依照本法的相关规定和有关法律、法规、规章的规定采取应急处置措施。

应急处置与救援可以定义为：在突发事件发生后，根据突发事件的级别和类别，相应的人民政府与相关的突发事件分类管理部门，立即组织有关部门，调动应急救援队伍和社会力量，采取有效措施，最大限度地减少损害、防止突发事件的扩大和次生灾害的发生。

对事故现场控制和安排是现场应急处置工作的重要环节，也是应急管理工作中内容最复杂、任务最繁重的部分，现场控制和安排在一定程度上决定了应急处置的工作效率与质量。在应急处置的过程中要遵循科学的处置方法和原则，充分利用好各种应急资源对事故进行应急处置与救援。

在生产安全事故中，企业是安全生产的责任主体。事故发生后企业要先期处置、救援人员、控制危险源，杜绝盲目施救，防止事态扩大；要明确并落实生产现场带班人员、班组长、调度人员的直接处置权和指挥权；及时组织人员撤离，减少人员伤亡；依法依规及时报告事故情况等。

34. 事故现场处置的原则

(1) 快速反应原则

任何灾难性事故都具有突发性、连带性和不确定性，事故一旦发生，时间就是生命。应急处置救援速度和事故后果严重程度密切相关，对于人员生命财产的抢救具有决定性意义。因此，在应急处置过程中必须坚持做到快速反应，力争在最短的时间内到达现场、控制事态、减少损失，以最高的效率和最快的速度救助受害者，并为尽快恢复正常的工作秩序、社会秩序、生活秩序创造条件。

灾难性事故发生的原因、后果、影响、过程的不确定性和多样性使得现场处置快速反应很难有一个固定模式，因此一方面需要遵循事故处置的一般原则，另一方面也需要根据事故的性质与所影响的范围灵活掌握、灵活处理。有的事故在爆发的瞬间就已结束，没有继续蔓延的条件，但大多数事故在应急处置与救援过程中还会有继续蔓延扩大的可能，有造成衍生危害的风险。如果事故现场处置不及时，很可能带来灾难性后果，甚至引发其他灾害事故，事故现场控制的作用，体现在防止事故继续蔓延扩大方面。因此，必须在事故发生的第一时间作出反应，并且以最快的速度和最高的效率进行现场控制。快速反应原则是事故现场应急处置中的首要原则。

(2) 救助原则

应急处置与救援中最重要的原则就是保证人的安全，坚持以人为本，先救人再救物，在任何情况下都要确保人的生命安全和身体健康，救助原则与快速反应原则的本质要求都是减少人员的伤亡。

每当灾难性事故发生时，就会产生数量和范围不确定的受害者。受害者的范围不仅包括灾难中的直接受害者，甚至还包括直接受害者的亲属、朋友以及其他利益相关的人员。受害者所需要的救助往往是多方面的，除了生理上的救助外，还应该重视心理上和精神上的救助。因此，负责灾难性事故应急处置的相关部门和人员在进行现场控制的同时应立即展开对受害者的救助，及时抢救并护送危重伤员，救援受困群众，妥善安置死亡人员，安抚在精神与心理上受到严重冲击的受害者。

(3) 人员疏散原则

在大多数灾难性事故现场应急处置的控制与安排中，把处于危险境地的受害者尽快疏散到安全地带，避免出现更大伤亡的灾难性后果，是一项极其重要的工作。在很多伤亡惨重的灾难性事故中，没有及时进行人员安全疏散是造成群死群伤的主要原因。

无论是自然灾害还是人为事故，或者其他类型的灾难性事故，在决定是否疏散人员的过程中，都需要考虑的主要因素有：是否可能会对群众的生命和健康造成危害，特别是要考虑到是否存在潜在的危险性；灾难性事故的危害范围是否会扩大或者蔓延；是否会对环境造成破坏性的影响。

（4）保护现场原则

按照一般的程序，调查工作需要在灾难性事故的应急处置工作结束之后，或在应急处置过程中的适当时机介入，以分析灾难性事故的原因与性质，收集有关的证据，调查灾难性事故的责任者。在应急处置过程中，特别是对现场的控制作出安排时，一定要考虑到对现场进行有效的保护，以便日后开展调查工作。在实践中容易出现的问题是应急处置人员的注意力都集中在救助伤亡人员或防止灾难后果的蔓延扩大上，而忽略了对现场与证据的保护，结果在事后需要收集证据时发现现场已遭到破坏，这就会给调查工作带来极大的阻碍。因此，必须在进行现场控制的整个过程中，把保护现场作为工作原则贯穿始终。

（5）科学专业原则

应急处置必须科学有序地进行：一是必须充分利用和借鉴各种高科技成果，特别是发挥先进技术和有效应急装备在应急处置中的重要作用；二是要充分发挥各类应急专家的“外脑”作用，制定科学合理的应急处置方案；三是要充分发挥专业应急处置力量的作用，专业应急处置力量具有丰富的处置经验和熟练使用各种救援装备的能力。

35. 事故应急处置的工作内容

《生产经营单位生产安全事故应急预案编制导则》规定，

应急处置主要包括以下内容：

（1）事故应急处置程序

根据可能发生的事故及现场情况，明确事故报警、各项应急措施启动、应急救护人员的引导、事故扩大及同生产经营单位应急预案的衔接程序。

（2）现场应急处置措施

针对可能发生的事故，从人员救护、工艺操作、事故控制、消防、现场恢复等方面制定明确的应急处置措施。

（3）报告和求援

明确报警负责人以及报警电话及上级管理部门、相关应急救援单位联络方式和联系人员，事故报告的基本要求和内容。

36. 事故现场处置的过程

在事故现场处置工作中，尽管由于发生事故的单位、地点、原因、性质不同，处置程序会存在差异，但一般都是由设点、询问和侦检、隔离与疏散、防护、现场急救等步骤组成的。

（1）设点

设点是指各救援队伍或者应急管理人员进入事故现场后，根据现场情况选择有利的地点设置现场救援指挥部、救援和医疗急救点，各救援点的位置选择是有序地开展救援和保护自身安全的重要保障。设点应该考虑选择上风向的非污染区域、靠近现场救援指挥部的地方、利于救援人员或转送伤员车辆通行的交通路口、便于应急物资送达的地方等具有有利因素的地点。

(2) 询问和侦检

采取现场询问和现场侦检的方法，充分了解和掌握事故的具体情况、危险范围、潜在险情（如爆炸、中毒等）。

侦检是危险物质事故应急处置的首要环节。侦检是指利用检测仪器对事故现场危险物质的浓度、强度以及扩散、影响范围进行检测和动态监测的技术手段。根据事故情况不同，可以派出若干侦检小组，对事故现场进行侦检，每个侦检小组至少应有两人。

(3) 隔离与疏散

1）建立警戒区域

事故发生后，应根据危险物质泄漏扩散的情况、火焰热辐射所涉及的范围或其他事故影响区域建立警戒区，警戒区的边界应设警示标志并有专人警戒，为了防止除应急处置人员以外的其他人员随意进出，应该在通往事故现场的主干道上实行交通管制。

2）紧急疏散

迅速将警戒区及污染区内与事故应急处理无关的人员撤离，以减少不必要的人员伤亡。紧急疏散时应该注意以下几点：

①如果事故物质有毒，需要佩戴劳动防护用品或采取简易

有效的防护措施。

②应向上风方向转移，明确专人引导和护送疏散人员到达安全区，并在疏散或撤离的路线上设立哨位，指明方向。

③不要在低洼处滞留。

④要查清是否有人留在事故危险区域。

（4）防护

根据事故物质的毒性及划定的危险区域，确定相应的防护等级，并根据防护等级按标准配备相应的防护器具。

（5）现场急救

在事故现场，危险物质对人体可能造成的伤害有中毒、窒息、冷冻伤、化学灼伤、烧伤等，进行急救（救护）时，不论是伤员还是救援人员都需要进行适当的防护。

37. 事故现场控制的基本方法

（1）警戒线控制法

警戒线控制法是由参加现场处置工作的人员对需要保护的重大或者特别重大事故现场进行控制，防止非应急处置人员与其他无关人员随意进出干扰应急行动的特别保护方法。在重特大灾难现场或其他相关场所，根据不同情况或需要，应安排公安机关的人民警察或保卫人员等应急参与人员实施警戒保护。对应急现场的控制应从现场核心开始，向外设置多层警戒线。

现场设置警戒线是为了保证进行现场处置工作的人员顺利进出，并使其在心理上有一种安全感，同时避免外来的未知因素对现场安全构成威胁，以避免现场可能存在的各种危险源危及周围无关人员的安全。应急警戒范围，应坚持宜大不宜小，保留必要的警戒冗余度以阻止现场人员大规模无序流动。在实践中，普遍的做法是设置两层以上的警戒线，警戒线上布置的警戒人员由内向外，密度由高到低。

（2）区域控制法

在突发事件或者生产性事故的应急处置过程中，由于事故原因复杂、涉及面广，需要处置的问题较多，处置工作必然存在优先安排的顺序问题；同时由于环境等因素的影响，还需要对某些局部区域采取不同的控制措施，以控制进入现场的人员数量。区域控制在不破坏现场的前提下，对整个应急现场环境进行总体观察，确定重点区域、重点地带、危险区域、危险地带，一般遵循的原则是：先重点区域，后一般区域；先危险区域，后安全区域；先外围区域，后中心区域。在具体实施区域控制时，一般应当在现场专业处置人员的指导下进行，由事发单位或事发地的公安机关指派专门人员具体实施；对于重特大灾难应急现场，还应当由穿着制服的人民警察或武装警察实施区域控制。

（3）遮盖控制法

遮盖控制法实际上是保护现场与现场证据的一种方法。在应急处置现场，有些物证的时效性要求往往比较高，天气因素或者其他因素的变化都有可能影响取证的真实性。有时由于现场比较复杂，破坏比较严重，再加上应急处置人员不足，不能立即对现场进行勘查、处置。因此，需要用其他物品对重要现场、重要证据、重要区域进行遮盖，以便于后续工作的开展。遮盖物一般多采用干净的塑料布、帆布、草席等，起到防风、防雨、防日晒以及防止无关人员随意触动的作用。应当注意的是，除非万不得已，一般尽量不要使用遮盖控制法，防止遮盖物污染某些微量物证，影响取证以及后续的理化分析结果。

（4）定位控制法

有些事故应急现场由于伤亡人员较多、物体变动较大、物证分布范围较广，采取上述几种现场控制方法，可能会给事发地的正常生活和工作秩序带来一些负面影响，这就需要对现场特定伤亡人员、特定物体、特定物证、特定方位、特定建筑等采取定点标注的控制方法，使现场处置有关人员对整体事故现场能够一目了然，做到定量与定性相结合，有利于下一步工作的开展。定位控制一般可以根据现场大小、破坏程度等情况对现场进行处理。首先，按区域、方位对现场进行区域划分，可以有形划分，如长条形、矩形、圆形、螺旋形等形式，也可以无形划分；其次，每一划分区域指派现场处置人员，用色彩鲜艳的小旗对伤亡人员、重要物体、重要物证、重要痕迹定点标注；最后，根据现场应急处置需要，在此基础上开展下一步的工作。

38. 事故现场救援的原则

救援时要坚持人民至上、生命至上，本着对生命财产高度负责的精神，迅速、有序、高效地实施应急救援行动，采取及时有效的急救措施和技术，最大限度地减少伤员的痛苦，降低致残率，减少死亡率，为医院开展抢救打好基础。因此，事故现场救援时应遵循以下原则：

（1）先复苏后固定原则

遇有心搏、呼吸骤停又有骨折的伤员，应首先用口对口人工呼吸和胸外心脏按压等技术使心、肺、脑复苏，直至心搏、呼吸恢复后，再进行骨折固定处理。

（2）先止血后包扎原则

遇伤员有大出血又有伤口时，首先应立即用指压、止血带或药物等方法止血，接着再消毒，并对伤口进行包扎。

（3）先重后轻原则

在同时遇有生命垂危的和伤势较轻的伤员时，应优先抢救危重者，后抢救伤势较轻的伤员。

（4）先救护后搬运原则

在发现伤员时，应先救后送。在运送伤员去医院的途中，不要停止抢救，继续观察伤病变化情况，减少颠簸，注意保暖、止血，确保伤员快速平安地抵达最近的医院接受救治。

（5）急救与呼救并重原则

当现场伤员较多时，若现场还有其他参与急救的人员，要紧张而镇定地分工合作，急救和呼救可同时进行，以便较快地争取到急救外援。

（6）搬运与急救一致性原则

危重伤员的运送工作应与急救工作协调一致，争取时间，在途中应继续进行抢救工作，尽力减少伤员的痛苦和降低死亡率，安全到达目的地。

39. 现场急救的基本步骤

（1）紧急呼救

事故发生后，对于危重伤员，在经过现场评估和病情判断后需要救护的，应立即对其采取救护措施，同时立即向专业紧急医疗服务机构或附近负责院外急救任务的医疗部门、社区卫生单位报告（常用的急救电话为 120），由急救机构立即派出专业救护人员、救护车到现场进行抢救。

（2）判断伤情

在现场巡视后对伤员进行最初评估。发现伤员，尤其是处在情况复杂现场的伤员，救护人员需要首先确认并立即处理威胁伤员生命的情况，检查伤员的意识、气道、呼吸、循环体征等。

（3）救护

事故现场一般都很混乱，组织指挥特别重要。应快速组成临时现场救护小组，统一指挥，加强事故现场一线救护，这是保证抢救成功的关键措施。

事故发生后，应避免慌乱，尽可能缩短伤后至抢救的时间，强调提高基本治疗技术是做好事故现场救护最重要的问题。要善于应用现有的先进科技手段，体现“立体救护、快速反应”的救护原则，提高救护的成功率。

现场救护原则是先救命后治伤，先重伤后轻伤，先抢后救、抢中有救，使伤员尽快脱离事故现场，先分类再运送。医护人员以救为主，其他人员以抢为主，各负其责、相互配合，以免延误抢救时机。同时，现场救护人员应注意自身防护。

40. 事故现场急救基本技术

事故现场急救是指在事发现场，对伤员实施及时、有效的现场抢救。事故发生后的几分钟、十几分钟，是抢救危重伤员最重要的时刻，医学上称之为“救命的黄金时间”。在这段时间内，抢救及时、正确，生命有可能被挽救；反之，生命有可能丧失或伤情加重。现场及时、正确的急救，可为医院救治创造条件，能最大限度地挽救伤员的生命和减轻其伤残程度。

(1) 心肺复苏术

据有关研究数据显示，5 分钟内开始实施心肺复苏急救，8 分钟内进一步生命支持，心搏、呼吸暂停伤员存活率最高可达 43%；复苏（加上生命支持）每延迟 1 分钟，存活率下降 3%；除颤每延迟 1 分钟，存活率下降 4%。心肺复苏术简称 CPR，是指当伤病人员呼吸与心搏已经停止时，合并使用人工呼吸及胸外心脏按压来进行急救的一种技术方法。

实施心肺复苏时，首先要判断伤员呼吸、心搏状况，只有明确判定呼吸、心搏已经停止，才能立即进行心肺复苏。

1）开放气道

用最短的时间，先将伤员衣领口、领带、围巾等解开，戴上手套（最好是医用手套）迅速清除伤员口鼻内的污泥、土块、痰、呕吐物等异物，以利于呼吸道畅通，再将气道打开。

2）口对口人工呼吸

①急救者一只手的拇指、食指捏闭伤员的鼻孔，另一只手托其下颌。

②将伤员口部打开，急救者深呼吸，用唇紧贴并包住伤员口部吹气。

③看伤员胸部鼓起方为有效。

④脱离伤员口部，放松捏鼻孔的拇指、食指，使胸廓恢复。

⑤感到伤员口鼻部有气呼出。

⑥连续吹气 2 次，使伤员肺部充分换气。

3）心脏复苏

首先判定心搏是否停止，可以摸伤员的颈动脉有无搏动，如无搏动，立即进行胸外心脏按压。实施胸外心脏按压的主要步骤如下：

①用一只手的掌根按在伤员胸骨中下 1/3 段交界处。

②另一只手压在前手的手背上，手指扣住下方手的手掌并使手指脱离胸腔壁，不能平压在胸腔壁。

③双肘关节伸直，利用体重和肩臂力量垂直向下挤压，使胸骨下陷 4 厘米左右。

④略停顿后在原位放松，但手掌根不要离开胸骨定位点。

⑤连续进行 15 次胸外心脏按压，再口对口人工呼吸 2 次，如此反复。

（2）现场止血

受伤出血分为内出血和外出血。内出血一般只能到医院救治，外出血是现场急救的重点。理论上将出血分为动脉出血、静脉出血、毛细血管出血。其中，动脉出血时血色鲜红，血流有搏动、量多、速度快；静脉出血时血色暗红，血液缓慢流出；毛细血管出血时血色鲜红，血液慢慢渗出。若当时能鉴别出血类型，对选择止血方法有重要价值。但有时受现场的光线等条件的限制，往往难以区分。

常用的现场止血方法有多种，包括加压止血法和辅助材料止血法。其中，加压止血法有指压动脉止血法、直接压迫止血法和加压包扎止血法，指压动脉止血法分为头面部指压动脉止血法和指压四肢动脉止血法。辅助材料止血法有填塞止血法和止血带止血法。要根据出血位置等具体情况选择其中的一种止血方法，也可以把几种方法结合在一起应用，以达到最快、最有效、最安全的止血目的。

1）头面部指压动脉止血法

①指压颞浅动脉。该方法适用于一侧头顶、额部、颞部的外伤大出血。在伤侧耳前，用一只手的拇指对准下颌骨关节压迫颞浅动脉，另一只手固定伤员头部。

②指压面动脉。该方法适用于面部外伤大出血。用一只手的拇指和食指或拇指和中指分别压迫双侧下颌角前约 1 厘米的凹陷处，以阻断面动脉血流。

③指压耳后动脉。该方法适用于耳后外伤大出血。用一只手的拇指压迫伤侧耳后乳突下凹陷处，阻断耳后动脉血流，另一只手固定伤员头部。

④指压枕动脉。该方法适用于一侧头后枕骨附近外伤大出血。用一只手的四指压迫耳后与枕骨粗隆（脑后正中最突出的地方）之间的凹陷处，阻断枕动脉的血流，另一只手固定伤员头部。

2）指压四肢动脉止血法

①指压肱动脉。该方法适用于一侧肘关节以下部位的外伤大出血。用一只手的拇指压迫上臂中段内侧，阻断肱动脉血流，另一只手固定伤员手臂。

②指压桡动脉和尺动脉。该方法适用于手部大出血。双手拇指分别压迫伤侧手腕两侧的桡动脉和尺动脉，以阻断血流。因为桡动脉和尺动脉在手掌部有广泛吻合支，所以必须同时压迫双侧。

③指压指（趾）动脉。该方法适用于手指（脚趾）大出血。用拇指和食指分别压迫手指（脚趾）两侧的动脉，以阻断血流。

④指压股动脉。该方法适用于一侧下肢的大出血。用两手

的拇指用力压迫伤肢腹股沟中点稍下方的股动脉，以阻断股动脉血流。此时伤员应该保持坐姿或卧姿。

⑤指压胫前、胫后动脉。该方法适用于一侧足部大出血。用两手的拇指和食指分别压迫伤足足背中部搏动的胫前动脉及足跟与内踝之间的胫后动脉。

3）直接压迫止血法

直接压迫止血法适用于较小伤口的出血，用无菌纱布直接压迫伤口处，时间约10分钟。

4）加压包扎止血法

加压包扎止血法适用于各种伤口，是一种比较可靠的非手术止血法。先用无菌纱布覆盖压迫伤口，再用三角巾或绷带用力包扎，包扎范围应该比伤口稍大。这是一种目前最常用的止血方法，在没有无菌纱布时，可使用消毒卫生巾或餐巾等代替。

5）填塞止血法

填塞止血法适用于较大而深的伤口，先用镊子夹住无菌纱布塞入伤口内，如一块纱布止不住出血，可再加纱布，最后用绷带或三角巾包扎固定。

6）止血带止血法

止血带止血法只适用于四肢大出血，而且是其他止血法效果不明显时才用的方法。止血带有橡皮止血带（橡皮条和橡皮带）、气性止血带（如血压计袖带）和布制止血带等，其操作方法各不相同。

（3）骨折固定

骨折是人们在生产生活中常见的身体损伤，为了避免骨折的断端对血管、神经、肌肉及皮肤等组织的再损伤，减轻伤员的痛苦以及便于搬动与转运伤员，需要对骨折的伤员采取临时固定的措施。常见的骨折固定方法有以下几种：

1）肱骨（上臂）骨折固定法

①夹板固定法。用两块夹板分别放在上臂内外两侧（如果只有一块夹板，则放在上臂外侧），用绷带或三角巾等将其上下两端固定。之后肘关节弯曲90度，前臂用小悬臂带悬吊。

②无夹板固定法。将三角巾折叠成10~15厘米宽的条带，其中央正对骨折处，将上臂固定在躯干上，在对侧腋下打结。屈肘90度，再用小悬臂带将前臂悬吊于胸前。

2）尺骨、桡骨（前臂）骨折固定法

①夹板固定法。用两块长度超过肘关节至手心的夹板分别放在前臂的内外两侧（如果只有一块夹板，则放在前臂外侧），并在手心放好衬垫让伤员握好，以使腕关节稍向背屈，再固定夹板上下两端。屈肘90度，用大悬臂带悬吊，手略高于肘。

②无夹板固定法。使用大悬臂带、三角巾固定。用大悬臂带将骨折的前臂悬吊于胸前，手略高于肘。再用一条三角巾将上臂固定于胸部，在健侧腋下打结。

3）股骨（大腿）骨折固定法

①夹板固定法。伤员仰卧，伤腿伸直。用两块夹板（内侧夹板长度为上至大腿根部，下过足跟；外侧夹板长度为上至腋窝，下过足跟）分别放在伤腿内外两侧（只有一块夹板时则放在伤腿外侧），并将健肢靠近伤肢，使双下肢并列，两足对齐。关节处及空隙部位均放置衬垫，用5~7条三角巾或布带先将骨折部位的上下两端固定，然后分别固定腋下、腰部、

膝、踝等处。足部用三角巾“8”字固定，使足部与小腿呈直角。

②无夹板固定法。伤员仰卧，伤腿伸直，健肢靠近伤肢，双下肢并列，两足对齐。在关节处与空隙部位之间放置衬垫，用5~7条三角巾或布条将两腿固定在一起（先固定骨折部位的上下两端）。足部用三角巾“8”字固定，使足部与小腿呈直角。

4）脊椎骨骨折固定法

伤员发生脊椎骨骨折时不得轻易搬动，严禁一人抱头、另一个人抬脚等不协调的动作。如伤员俯卧时，可用“工”字夹板固定，将两横板压住竖板分别横放于两肩上及腰骶部，在脊椎骨的凹凸部位放置衬垫，先用三角巾或布带固定两肩，再固定腰骶部。现场处理原则是：绝不能试图扶着背部受到剧烈的外伤，有颈、胸、腰椎骨折的伤员通过做一些活动来“判断”其有无骨损伤，一定要就地固定。

5）头颅部骨折

头颅部骨折伤员在检查、搬动、转运等过程中，力求头颅部不会受到新的外界的影响而加重局部损伤。具体做法是：伤员静卧，头部可稍垫高，头颅部两侧放两个较大的、硬实的枕头或沙袋等物将其固定住，以免搬动、转运时局部晃动。

(4) 伤口包扎

包扎的目的是保护伤口、减少污染、固定敷料和帮助止血，常用绷带和三角巾进行包扎。无论采用何种包扎方法，均要求达到包好后固定不移动和松紧适度，并尽量保证无菌操作条件。

1）绷带包扎法

绷带包扎法分为环形包扎法、螺旋形包扎法、螺旋形反折包扎法、“8”字形包扎法和头顶双绷带包扎法等。包扎时要掌握好“三点一走行”，即绷带的起点、止血点、着力点（多在伤处）和走行方向的顺序，做到既牢固又不能太紧。应先在创口处覆盖无菌纱布，然后由伤口低处向高处左右缠绕。包扎伤臂或伤腿时，要尽量设法暴露手指尖或脚趾尖，以便观察血液循环。绷带用于胸、腹、臀、会阴等部位效果不好，容易滑脱，所以绷带包扎一般用于四肢和头部的伤口。

①环形包扎法。绷带卷放在需要包扎位置稍上方，第一圈做稍斜缠绕，第二、第三圈做环形缠绕，并将第一圈斜出的绷带带角压于环形圈内，然后重复缠绕，最后在绷带尾端撕开打结固定或用别针、胶布将尾部固定。

②螺旋形包扎法。先环形包扎数圈，然后将绷带渐渐地斜旋上升缠绕，每圈盖过前圈的1/3至2/3，呈螺旋状。

③螺旋形反折包扎法。先做两圈环形固定，再做螺旋形包扎，待到渐粗处，一手拇指按住绷带上面，另一手将绷带自此点反折向下，此时绷带上缘变成下缘，后圈覆盖前圈1/3至2/3。此法主要用于粗细不等的四肢如前臂、小腿或大腿等。

④“8”字形包扎法。此方法适用于四肢各关节处的包扎。于关节上、下将绷带一圈向上、一圈向下做“8”字形来回缠绕。

⑤头顶双绷带包扎法。将两条绷带连在一起，打结处包在头后部，分别经耳上向前于额部中央交叉，然后第一条绷带经头顶到枕部，第二条绷带反折绕回到枕部，并压住第一条绷带。第一条绷带再从枕部经头顶到额部，第二条绷带则从

枕部绕到额部，又将第一条绷带压住。如此来回缠绕，形成帽状。

2）三角巾包扎法

①头面部三角巾包扎法。头面部三角巾包扎法种类较多，主要有三角巾风帽式包扎法，三角巾帽式包扎法，三角巾面具式包扎法，单眼三角巾包扎法，双眼三角巾包扎法，下颌、耳部、前额或颞部小范围伤口三角巾包扎法。

②胸背部三角巾包扎法。三角巾底边向下，绕过胸部以后在背后打结，其顶角放在伤侧肩上，系带穿过三角巾底边并打结固定。如为背部受伤，包扎方向相同，只要在前后面交换位置即可。若为锁骨骨折，则用两条带形三角巾分别包绕两个肩关节，在后背打结固定，再将三角巾的底角向背后拉紧，在两肩过度后张的情况下在背部打结。

③上肢三角巾包扎法。先将三角巾平铺于伤员胸前，顶角对着肘关节稍外侧，与肘部平行，屈曲伤肢，并压住三角巾，然后将三角巾下端提起，两端绕到颈后打结，顶角反折用别针扣住。

④肩部三角巾包扎法。先将三角巾放在伤侧肩上，顶角朝下，两底角拉至对侧腋下打结，然后一手持三角巾底边中点，另一手持顶角，将三角巾提起拉紧，再将三角巾底边中点由前向下、向肩后包绕，最后顶角与三角巾底边中点于腋窝处打结固定。

⑤腋窝三角巾包扎法。先在伤侧腋窝下垫上消毒纱布，三角巾中间压住敷料，并将三角巾两端向上提，于肩部交叉，并经胸背部斜向对侧腋下打结。

⑥下腹及会阴部三角巾包扎法。将三角巾底边包绕腰部打

结，顶角兜住会阴部在臀部打结固定。或将两条三角巾顶角打结，连接结放在伤员腰部正中，上面两端围腰打结，下面两端分别缠绕两大腿根部并与相对底边打结。

⑦残肢三角巾包扎法。先用无菌纱布包裹残肢，将三角巾铺平，残肢放在三角巾上，使其对着顶角，并将顶角反折覆盖残肢，再将三角巾底角交叉，绕肢打结。

（5）搬运伤员

搬运伤员是现场急救的重要措施之一。搬运的目的是使伤员迅速脱离危险地带，纠正当时影响伤员的病态体位，减少痛苦，避免再受伤害，将伤员安全迅速地送往医院进行专业治疗。搬运伤员的方法应根据当地、当时的器材和人力而选定。

1）徒手搬运

①单人搬运法。适用于伤势比较轻的伤员，采取背、抱或扶持等方法。

②双人搬运法。一人托住双下肢，一人托住腰部。在不影响伤势的情况下，还可采用椅式、轿式和拉车式。

③三人搬运法。对疑有胸椎、腰椎骨折的伤员，应由三人配合搬运。一人托住伤员的肩胛部，一人托住臀部和腰部，一人托住双下肢，三人同时把伤员轻轻抬放到硬板担架上。

④多人搬运法。对脊椎骨受伤的人员向担架上搬动时应由四至六人一起搬动。两人专管伤员的头部的牵引固定，使头部始终保持与躯干成直线的位置，维持颈部不动，两人托住伤员的臂和背，两人托住下肢，协调地将伤员平直放到担架上，并在颈、腋窝放置一块小枕头，头部两侧用软垫或沙袋固定。

2）担架搬运

①自制担架法。因没有现成的担架而又需要担架搬运伤员时，只能快速地自制担架。可以选用木棍、椅子或其他材料制作担架。

②车辆搬运。车辆搬运受气候条件影响小、速度快，能将伤员及时送到医院抢救，尤其适合较长距离运送。轻伤伤员可坐在车上，重伤伤员可躺在车里的担架上。重伤伤员最好用救护车转送，没有救护车的地方，可用汽车代替。上车后，胸部受伤伤员取半卧位，一般伤员取仰卧位，颅脑损伤伤员应使其头偏向一侧。

41. 矿山生产事故的应急处置与救援

(1) 矿山井下火灾事故的应急处置与救援

在矿山井下，无论任何人发现烟雾或明火，确认发生了火灾，都要立即报告调度室。火灾初起时是灭火的最佳时机，首先要保证有足够的水量，从火源外围逐渐向火源中心喷射水流；其次要保证正常通风，有畅通的回风通道将高温气体和蒸汽排除。如果火势较大无法扑灭，或者其他地区发生火灾接到撤退命令时，要组织避灾和进行自救。

矿山进风井口、井筒、井底车场、主要进风道和硐室发生火灾时，为抢救井下人员，会进行反风或风流短路。反风前，必须将原进风侧的人员撤出，并采取阻止火灾蔓延的措施。采取风流短路措施时，必须将受影响区域内的人员全部撤离。多台主要通风机联合通风的矿井反风时，抽出式矿井要保证非事故区域的主要通风机先反风，事故区域的主要通风机后反风。压入式矿井正好相反。

用水或灌浆的方法灭火时，应将回风侧人员撤出。向火源大量灌水或从上部灌浆时，严禁靠近火源地点作业。用水快速淹没火区时，密闭墙附近不得有人。

为使遇险人员能够在火灾紧急情况下迅速脱离危险，矿山企业须做好以下准备：编制井下各工作点火灾逃生路线图和方案，并组织井下职工学习掌握；井下工作人员必须携带自救器，并掌握其佩戴方法；井下每隔一段距离配备一定数量的突发性火灾灭火设备、通风和通信联络装备；调度室工作人员应掌握火灾应急逃生、救灾知识，以便接到火灾求助电话时能在第一时间向遇险人员提供正确的逃生方案。

（2）矿山透水事故的应急处置与救援

矿山井下发生透水事故时，应以最快的速度通知附近地区工作人员一起按照规定的避灾路线撤出。现场班组长、跟班干部要立即组织人员按避灾路线安全撤离到新鲜风流中。撤离前，应设法将撤退的行动路线和目的地告知调度室，到达目的地后再报调度室。

要特别注意“人往高处走”，切不可进入低于透水点水平的独头巷道。由于透水时水势很猛、冲力很大，现场人员应立即避开出水口和泄水流，躲避到硐室内、巷道拐弯处或其他安全地点。情况紧急来不及躲避时，可抓牢棚梁、棚腿或其他固定物，防止被水流冲倒或冲走。存在有毒有害气体危害的情况下，一定要佩戴自救器。

人员撤出透水区域后，应立即将防水闸门紧紧关死，以隔断水流。在撤退行进中，应靠巷道一侧，抓牢支架或其他固定物，尽量避开压力水头和泄水主流，要防止被流动的矸石、木料撞伤。如巷道中照明和路标被破坏，迷失了前进方向，应朝有风流的上山方向撤退，并在撤退沿途和所经过的巷道交叉口留设指示行进方向的明显标志。从立井梯子向上爬时，应有序进行，手要抓牢，脚要蹬稳。

撤退中，如因冒顶或积水造成巷道堵塞，可寻找其他安全通道撤出。在唯一的出口被封堵无法撤退时，应在现场管理人员或有经验的老职工的带领下进行避灾，等待救援人员的营救，严禁盲目潜水等冒险行为。

当避灾处低于外部水位时，不得打开水管、压风管供风，以免水位上升。必要时，可设置挡墙或防护板，阻止涌水、煤矸石和有害气体的侵入。避灾处出口应留衣物、矿灯等作标志，以便营救人员发现。

(3) 矿山冒顶事故的应急处置与救援

冒顶事故的发生一般是有预兆的，井下人员发现冒顶预兆，应立即进入安全地点避灾。发生冒顶事故后，现场班组长、跟班干部要根据现场情况，判断冒顶事故发生地点、灾情、原因、影响区域，进行现场处置。如无第二次大面积顶板动力现象，立即组织对受困人员进行施救，防止事故扩大。

现场救援人员必须在巷道通风、后路畅通、现场顶帮维护好的情况下开展施救，施救过程中必须安排专人进行顶板观察、监护。

抢救被埋压的人员时，要首先加固冒顶地点周围的支架，确保抢救中顶板不会再次冒落，并预留好安全退路，保证救援人员自身安全，然后采取措施，对冒顶处进行支护，在确保不再垮塌的安全条件下，将被埋压人员救出。救援被埋压人员时，要首先清理其口鼻堵塞物，畅通呼吸系统。小块岩石用手搬，大块岩石应采用千斤顶、液压起重气垫等工具，绝不允许用锤砸。

对现场伤员应根据实际情况开展救护工作，对于轻伤伤员应现场对其进行包扎，并抬放到安全地带；对于骨折伤员不要轻易挪动，要先采取固定措施；对于出血伤员要先止血，等待救援人员的到来。

发生冒顶事故后，抢救人员时，可通过呼喊、敲击或采用生命探测仪探测等方法，判断遇险人员位置，与遇险人员保持联系，鼓励他们配合抢救工作。在支护好顶板的情况下，用挖掘小巷、绕道通过或使用矿山救护轻便支架穿越垮落区的方法接近被埋、被堵人员。一时无法接近时，应设法利用压风管路等提供新鲜空气、饮料和食物。处理冒顶事故时，应指定专人观察顶板情况，发现异常，立即撤出人员。

42. 冶金生产事故的应急处置与救援

（1）煤气泄漏事故的应急处置与救援

钢铁冶炼过程中会产生副产品煤气。由于煤气中含有大量易燃易爆、有毒有害物质，在生产、运输、储存和使用过程中存在中毒、火灾和爆炸的危险。

1）煤气泄漏事故的应急处置与救援

①关闭送气阀。事发单位发现煤气泄漏，应立即报告，作业人员按规定程序关闭送气阀门，打开紧急放散阀门进行减压。

②稀释空气。强制向泄漏区排风，将泄漏区煤气疏散。

③检查抢修。工程抢险人员必须佩戴好防毒面罩，进入现场仔细检查，找出原因；抢险抢修人员在安全的前提下，迅速开展对泄漏点的抢修堵漏工作。

④煤气泄漏较严重时，应迅速划分危险单元，组织治安队在目标单元周围 200 米范围内设立警戒线，严禁无关人员及车辆通过，查禁所有明暗火源。

⑤现场应急指挥人员根据情况及时报告当地政府相关管理部门，请求外部支援，对处在危险区域内的所有人员进行紧急疏散。

2）煤气中毒事故的应急处置与救援

①进入泄漏区的人员必须佩戴一氧化碳报警仪、氧气呼吸器。

②设置隔离区并进行监护，防止其他人员进入煤气泄漏的区域。

③抢救人员要尽快让中毒人员离开中毒环境，并尽量让中毒人员静躺，避免活动后加重心、肺功能负担及增加氧的消耗量。

④事故现场杜绝任何火源。

⑤搜索后，要对在岗人员及参加抢险的人员进行人数清点，在人数不符的情况下搜救工作不能停止，直到人员全部被点清。

⑥对泄漏点周围地点进行逐个搜索，特别是死角、夹道等不易引起注意的地方。

⑦应对警戒区域内的煤气含量进行检测，超过规定标准时警戒区不能撤销。

3）煤气泄漏引发火灾、爆炸事故的应急处置与救援

①煤气轻微泄漏引起着火，可用湿泥、湿麻袋堵住着火部位进行扑救和灭火，火焰熄灭后再按有关规定补好泄漏处。

②直径小于 100 毫米的煤气管道着火时，可直接关闭阀门，切断气源。

③直径大于 100 毫米的煤气管道或煤气设备着火时，应向管道或设备内通入大量蒸汽或氮气，同时降低煤气压力，缓慢关小阀门但压力不得小于 100 帕，以防止回火引起爆炸使事故扩大，待火焰熄灭后再彻底关闭阀门。

④煤气管道或设备被烧红，不得用水骤然冷却，以防管道或设备变形断裂。

⑤当管道法兰、补偿器、阀门等处着火时，如果火势较小，可戴好呼吸器后用就近备用灭火器灭火；如果火势较大，灭火器不能使火熄灭，可用消防车、消防水冷却设备，同时向系统内通入蒸汽或氮气，逐渐关闭阀门，待火焰熄灭后再彻底切断气源。

⑥当火灾发生时，要将目标单元事发危险区域警戒线扩大至 300~500 米范围，防止他人误入，事故隐患未彻底消除前，安全警戒不得解除。

⑦当发生煤气爆炸事故时，在未查明事故原因和采取必要安全措施前，不得向煤气设施输送煤气。

（2）高温液体喷溅事故的应急处置与救援

冶金生产过程中的高温液体具有温度高、热辐射强的特性，如铁水、钢水、钢渣、铁渣的温度往往在1 250~1 670摄氏度。高温液体易喷溅、溢出和泄漏，除了对人员造成灼烫伤害外，还隐藏着爆炸的风险。

1）高温液体喷溅事故的应急处置与救援

①人员身上着火，严禁奔跑，相邻人员要帮助灭火。

②心搏、呼吸停止者，应立即对其进行心肺复苏抢救。

③面部、颈部深度烧伤及出现呼吸困难者，应迅速送往医院做气管切开手术。

④非化学物质的烧伤创面，不可用水淋，创面水疱不要弄破，以免造成感染。

⑤用清洁纱布等盖住创面，以免感染。

⑥如伤员口渴，可少量饮用盐开水，不可喝生水及大量白开水，以免引起脑水肿及肺水肿。

⑦严重灼伤者，争取在休克出现之前，迅速送往医院医治。

⑧送伤员就医前，尽可能提前通知医院做好抢救准备事宜。

2）高温液体溢出、爆炸事故的应急处置与救援

①凡发生高温液体溢流，应立即停止作业。危险区内严禁有人。

②发生漏铁水、钢水事故时，要将剩余铁水、钢水倒入备用罐内。

③高温液体溢流地面遇有乙炔瓶、氧气瓶等易燃易爆物品

时，如不能及时搬走，要采取降温措施。

④溢流、泄漏地面的铁水、钢水在未冷却之前，不能用水扑救，防止水出现分解，引起爆炸。

⑤高温液体溢出或泄漏诱发火灾时，不能用水来扑救，一般使用干粉灭火器。

⑥一旦诱发了火灾、爆炸等二次事故，应立即设置警戒区，禁止人员进入。

（3）火灾、爆炸事故的应急处置与救援

在冶金生产过程中，特别是煤粉制备、输送与喷吹过程中，可能产生火灾、爆炸、中毒、窒息、建筑物坍塌等事故。

1）火灾、爆炸事故的应急处置与救援

①指定专人维护事故现场秩序，阻止无关人员进入事故现场，严防二次伤害，指引救援人员进入事故现场。

②认真保护事故现场，凡与事故有关的物体、痕迹、状态不得被破坏，为抢救伤员需要移动某些物体时，必须做好标记。

③根据实际需要，对伤员立即实施现场救护，如心肺复苏、外伤包扎等，同时应迅速联系专业救护机构。

④及时收集现场人员位置、数量信息，准确统计伤亡情况，防止人员受困或被遗漏。

⑤及时切断与运行设备的联系，同时保障其他设备的安全运行。如果是在有压力容器的部位发生火灾，要及时隔离，严防引发压力容器爆炸事故。

⑥确定事故状态对周边相关动力管网的影响程度，采取安全防范措施。

⑦转移易燃易爆等危险品，运用隔离设施应严防烧、摔、砸、炸、窒息、中毒、高温、辐射等对救援人员造成伤害。

2）对烧伤人员的应急处置与救援

当发生热物体灼烫伤害事故时，事发单位应首先了解情况，及时抢修设备，进行堵漏，并使伤者迅速脱离热源，然后对其烫伤部位用自来水冲洗或浸泡。但不要给烫伤创面涂有颜色的药物（如紫药水），以免影响对烫伤程度的观察和判断，也不要将牙膏、油膏等物质涂于烫伤创面，以减少创面感染的机会，减少就医时处理的难度。如果出现水疱，不要将疱皮撕去，避免感染，简单处理后应及时送医院救治。

（4）高温中暑事故的应急处置与救援

1）对于先兆中暑和轻症中暑，应首先将患者移至阴凉通风处休息，并解开衣服，平卧，擦去汗液，给予适量的清凉含盐饮料，并可选服人丹、十滴水、避瘟丹等药物，一般患者可逐渐恢复。如有循环衰竭倾向，需要立即给予对症治疗。

2）中暑患者体温过高时，应用凉水（酒精）擦拭身体，可以将冰袋放在患者头部、腋下等处；此外还可用力按摩其四肢，进行凉水淋浴。同时，服用人丹和其他降温药物。

3）对于重症中暑，必须采取紧急措施加以抢救。对高温昏迷者，治疗以迅速降温为主；对循环衰竭或患热痉挛者，以调节水、电解质平衡和防治休克为主。

43. 化工生产事故的应急处置与救援

（1）火灾、爆炸事故的应急处置与救援

1）扑救初期火灾

在火灾尚未扩大到不可控制之前，应尽快用灭火器来控制火灾。迅速关闭火灾部位的上下游阀门，切断进入火灾事故地点的一切物料，然后立即启用现有各种消防装备扑灭初期火灾并控制火源。

2）对周围设施采取保护措施

为防止火灾危及相邻设施，必须及时采取冷却保护措施，并迅速疏散受火势威胁的人员和物资。有的火灾可能造成易燃液体外流，这时可用沙袋或其他材料筑堤拦截流淌的液体或挖沟导流，将物料导向安全地点。必要时用毛毡、湿草帘堵住下水井、窨井口等处，防止火焰蔓延。

3）危险化学品火灾扑救

扑救危险化学品火灾绝不可盲目行动，应针对每一类化学品，选择正确的灭火剂和灭火方法。必要时采取堵漏或隔离措施，防范次生灾害的发生。当火势被控制住以后，仍然要派人监护、清理现场、消灭余火。

4）液化气体类火灾扑救

扑救液化气体类火灾时，切忌盲目扑灭火势，在没有采取堵漏措施的情况下，必须保持稳定燃烧。否则，大量可燃气体泄漏出来与空气混合，遇着火源就会发生爆炸，后果不堪

设想。

5）爆炸品火灾扑救

对于爆炸品火灾，切忌用沙土盖压，以免增强爆炸品爆炸时的威力；扑救爆炸品堆垛火灾时，水流应采用吊射，避免强力水流直接冲击堆垛造成堆垛倒塌引起再次爆炸。

6）遇湿易燃物品火灾扑救

对于遇湿易燃物品火灾，绝对禁止用水、泡沫、酸碱等湿性灭火剂扑救。

7）氧化剂和有机过氧化物火灾扑救

氧化剂和有机过氧化物火灾的扑救比较复杂，应针对具体物质具体分析。

8）毒害品和腐蚀品火灾扑救

扑救毒害品和腐蚀品火灾时，应尽量使用低压水流或雾状水，避免腐蚀品、毒害品溅出；遇酸类或碱类腐蚀品，最好调制相应的中和剂稀释中和。

9）易燃固体、自燃物品火灾扑救

易燃固体、自燃物品一般都可用水和泡沫扑救，只要控制住燃烧范围，逐步扑灭即可。但有少数易燃固体、自燃物品火灾的扑救方法比较特殊，如 2，4-二硝基苯甲醚、二硝基萘、萘等是易升华的易燃固体，受热放出易燃蒸气，能与空气形成爆炸性混合物，尤其在室内易发生爆燃，在扑救过程中应不时向燃烧区域上空及周围喷射雾状水，并消除周围一切火源。

（2）人员中毒事故的应急处置与救援

1）窒息性气体中毒的现场急救

一氧化碳、硫化氢、氮气、光气、双光气、二氧化碳及氰化物气体等统称为窒息性气体，它们引起急性中毒事故的共同特点是突发性、快速性和高度致命性。对于窒息性气体中毒事故，应当采取“一戴、二隔、三救出”的急救措施。

①“一戴”。施救人员应立即佩戴好输氧或送风式防毒面具，无条件时可佩戴防毒口罩，但需注意口罩型号要与毒物防护种类相符，腰间系好安全带（或绳索），方可进入高浓度毒源区域施救。

②“二隔”。由施救人员携带送风式防毒面具或防毒口罩，并尽快将其戴在中毒者口鼻上，紧急情况下也可用便携式供氧装置（如氧气袋、瓶等）供其吸氧。此外，毒源区域迅速通风或用鼓风机向中毒者送风也有明显效果。

③“三救出”。施救人员在“一戴、二隔”的基础上，争分夺秒地将中毒者移离毒源区，进一步做医疗急救。一般以两名施救人员抢救一名中毒者为宜，这样可缩短急救时间。

2）常见气体中毒的急救措施

①硫化氢中毒的现场急救方法：皮肤接触者，应脱去污染衣物，用清水冲洗，然后就医。眼睛接触者，立即翻开上下眼皮用清水冲洗不少于 15 分钟，然后就医。吸入中毒者，应迅速脱离现场至空气新鲜处，脱掉被污染的衣物，同时注意保暖休息；吸入量较多造成呼吸困难的，要及时输氧，送医院治疗；吸入量大造成呼吸停止、窒息的，要立即进行人工呼吸与强制供氧，待恢复呼吸后，送医院治疗。

②一氧化碳中毒的现场急救方法：在一氧化碳浓度低且氧含量高于 18%的场所，可佩戴过滤式防毒面具，也可用湿毛巾掩住口鼻进入现场救人。一氧化碳浓度较高或氧含量低于 18%时，必须佩戴隔绝式呼吸器进入现场。对于吸入中毒，轻

度中毒者，应迅速脱离有毒场所至空气新鲜处，注意休息与保暖；中度中毒者，必要时采取吸氧或送医院治疗；重度中毒者，立即在原地进行抢救，解开其上衣扣子，使呼吸道畅通。对于昏迷且有自主呼吸者，立即供氧；对于无自主呼吸者，要立即采取强制供氧与人工呼吸、胸外心脏按压等急救措施，在不影响救护的前提下，抬离有毒区域或送往医院抢救。

③氯气和氨气中毒的现场急救方法：皮肤接触者，应脱去污染的衣物，立即用大量清水彻底清洗 20 分钟以上，若有灼伤送医院处理。眼睛接触者，应立即翻开上下眼皮，用大量流动清水彻底冲洗 20 分钟以上，然后就医治疗。对于吸入中毒，轻度中毒者，应迅速脱离现场到空气新鲜处，保持呼吸畅通；中度中毒者，有呼吸困难现象的要立即输氧，并送医院治疗；重度中毒者，若出现窒息与昏迷，立即进行人工呼吸与强制供氧，送往医院抢救。

(3) 化学性灼伤事故的应急处置与救援

1）化学性皮肤灼伤的应急处置与救援

①迅速移离现场，脱去污染的衣物，立即用大量流动清水冲洗 20~30 分钟，碱性物质污染后冲洗时间应延长。应特别注意对眼部及其他特殊部位的冲洗，灼伤创面经水冲洗后，必要时进行合理的中和治疗。例如，氢氟酸灼伤，经水冲洗后需及时用钙、镁的制剂局部中和治疗，必要时用葡萄糖酸钙动、静脉注射。

②化学灼伤创面应彻底清创，剪去水疱，清除坏死组织。深度创面应立即或早期进行削（切）痂植皮及延迟植皮。例如，黄磷灼伤后应及早切痂，防止磷吸收中毒。

③对有些化学物灼伤，如氰化物、酚类、氯化钡、氢氟酸等，在冲洗时应进行适当解毒急救处理。

④发生化学灼伤出现休克时，冲洗从速、从简，积极进行抗休克治疗。

⑤积极防治感染，合理使用抗生素。

2）化学性眼灼伤的应急处置与救援

①发生眼部化学性灼伤，应该立即彻底冲洗。现场可用自来水冲洗，冲洗时间应在半小时左右。

②用生理盐水冲洗，以去除和稀释化学物质。冲洗时，应注意穹隆部结膜是否有固体化学物质残留，并去除坏死组织。例如石灰和电石颗粒，应先用植物油棉签清除，再用水冲洗。

44. 建筑施工事故的应急处置与救援

（1）高处坠落事故的应急处置与救援

高处坠落事故在建筑施工中属于常见多发事故。人体从高处坠落所受到高速坠地的冲击力，会使组织和器官遭到一定程度破坏并引起损伤。当发生高处坠落事故后，抢救的重点应放在对伤员的休克、骨折和出血的处理上。

1）颌面部伤伤员

首先应保持呼吸道畅通，摘除假牙（若有），清除移位的组织碎片、血凝块、口腔分泌物等，同时解开伤员的颈、胸部纽扣。若舌已后坠或口腔内异物无法清除时，可视情况用12号粗针头穿刺环甲膜以维持呼吸。

2）脊椎骨伤伤员

创伤处用消毒的纱布或清洁布等覆盖，用绷带或布条包扎。搬运时，将伤员平卧放在帆布担架或硬板上，以免受伤的脊椎骨移位、断裂造成截瘫，甚至死亡。搬运脊椎骨伤伤员时，严禁只抬伤员的两肩、两腿或单肩背运。

3）手足骨折伤员

不要盲目搬动伤员，应在骨折部位用夹板把受伤位置临时固定，使断端不再移位或刺伤肌肉、神经或血管。固定时以固定骨折处上下关节为原则，可就地取材，使用木板、竹片等。

4）复合伤伤员

要使伤员采用平仰卧位，保持呼吸道畅通，解开其衣领纽扣。

5）周围血管伤伤员

压迫伤部以上动脉血管至骨骼，然后直接在伤口上放置厚敷料，绷带加压包扎以不出血和不影响肢体血液循环为宜。

（2）意外触电事故的应急处置与救援

发生人员触电，主要运用以下急救方法：

1）脱离电源

人员触电后，可能由于痉挛或失去知觉等原因抓紧带电体，不能自行摆脱电源。这时，使触电者尽快脱离电源是抢救触电者的首要因素。但要注意，救援人员不可直接用手或其他金属及潮湿的物件作为救护工具，而必须使用适当的绝缘工具。救援人员最好用一只手操作以防触电。同时还需防止触电者脱离电源后可能的摔伤，特别是当触电者在高处的情况下，应考虑防摔措施。即使触电者在平地，也要注意触电者倒下的方向。如事故发生在夜间，应迅速解决临时照明问题，以利于抢救，并避免扩大事故。

2）现场急救方法

当触电者脱离电源后，应根据触电者的具体情况迅速对症救护。现场应用的主要救护方法是人工呼吸法和胸外心脏按压法。应当注意，急救要尽快进行，不能因等候医务人员的到来而延误时间，即使在送往医院的途中，也不能终止急救。

（3）物体打击事故的应急处置与救援

发生物体打击事故后，应该做好应急抢救，如现场包扎、止血等措施，防止伤员流血过多造成死亡。还需要注意的是，日常应备有应急物资，如简易担架、跌打损伤药品、纱布等。在应急处置与救援中要注意：

1）一旦有事故发生，首先要高声呼喊，通知现场安全员，马上拨打急救电话，并向上级领导及有关部门汇报。

2）当发生物体打击事故后，尽可能不要移动伤员，尽量当场施救。抢救的重点放在颅脑损伤、胸部骨折和大量出血的伤员处置上。

3）发生物体打击事故后，应马上组织抢救伤员，首先观察伤员的受伤情况、部位、伤害性质，如伤员发生休克症状，应首先处理。遇呼吸、心搏停止者，应立即进行人工呼吸、胸外心脏按压。处于休克状态的伤员要使其保暖、平卧、少移动，并将下肢抬高约20度，尽快送医院进行抢救治疗。

4）如果出现颅脑损伤，必须维持呼吸道通畅，昏迷者应平卧，面部转向一侧，以防舌根下坠或分泌物、呕吐物吸入，发生咽喉部阻塞。有骨折者，应初步固定后再搬运。遇有头部凹陷骨折、严重的颅底骨折及严重的脑损伤症状出现，创伤处用消毒的纱布或清洁布等覆盖，再用绷带或布条包扎后，及时就近送有条件的医院治疗。

5）重伤伤员应马上送往医院救治，轻伤伤员在等待救护车的过程中，要安排专人在大门口迎接救护车，有程序地处理事故，最大限度地减少人员伤亡和经济损失。

6）如果伤员所在的场所不宜进行施救，必须将其搬运到能够安全施救的地方，搬运时应尽量多人来操作，同时观察伤员呼吸和脸色的变化。如果伤员是脊椎骨骨折，不要弯曲、扭动其颈部和身体，不要接触伤员的伤口，要使伤员身体放松，尽量将其放到担架或平板上进行搬运。

（4）施工坍塌事故的应急处置与救援

建筑施工发生坍塌事故后，在应急处置与救援中需要注意：

1）坍塌事故发生后，应及时了解和掌握现场的整体情况，并向上级领导报告，同时，根据现场实际情况，拟定坍塌事故救援实施方案，执行现场统一指挥和管理。

2）设置警戒线，疏散人员。坍塌事故发生后，应及时划定警戒区域，设置警戒线，封锁事故路段的交通，隔离围观群众，严禁无关车辆及人员进入事故现场。

3）派遣搜救小组进行搜救，对如下几个重要问题进行询问和侦查：坍塌部位和范围、可能涉及的受害者人数、可能受害者或现场失踪者所处位置、受害者存活的可能性、展开现场施救需要的人力和物力方面的帮助、坍塌现场的火情状况、现场二次坍塌的危险性、现场可能存在的爆炸危险性、现场施救过程中其他方面潜在的危险性。

4）切断燃气、电和自来水水源，并控制火灾或爆炸。建筑物坍塌现场可能到处缠绕着断裂的带电电线、电缆，随时威胁着被埋压人员和救援人员；断裂的燃气管道泄漏的气体既能形成爆炸性混合气体，又能增强现场火灾的火势；从断裂的供水管道流出的水能很快将地下室或现场低洼的坍塌空间淹没。因此，要及时通知当地的供电、供气、供水部门的检修人员立即赶赴现场，通过关掉现场附近的局部总阀或开关消除这类危险。

5）现场清障。迅速清理进入现场的通道，在现场附近开辟救援人员和车辆集聚的空地，确保现场拥有一个急救场所和一条供救援车辆进出的通道。

6）搜寻坍塌废墟内部空隙存活者。在坍塌废墟表面受害者被救出后，就应该立即实施废墟内部受害者的搜寻，因为有火灾的坍塌现场，烟火同样会很快蔓延到各个生存空间。搜寻人员最好携带灭火水枪，以便及时驱烟和灭火。

7）清除局部坍塌物，实施局部挖掘救人。现场废墟上的坍塌物清除可能触动那些不稳的承重构件引起现场的二次坍塌，使被埋压人员再次受伤。因此，清理局部坍塌物之前，要制定初步的方案，行动要极其细致谨慎，要尽可能地选派有经验或受过专门训练的人员承担此项工作。

8）坍塌废墟的全面清理。在确定坍塌现场再无被埋压的生存者后，才允许进行坍塌废墟的全面清理工作。

（5）人员中暑事故的应急处置与救援

1）搬移

迅速将患者抬到通风、阴凉、干爽的地方，使其平卧并解开衣扣，松开或脱去衣服，如衣服被汗水湿透应更换衣服。

2）降温

把冷毛巾放在患者头部，可用50%酒精、白酒、冰水或冷水擦拭全身，然后用电扇吹风，加速散热，有条件的也可用降温毯降温。但不要快速降低患者体温，当体温降至38摄氏度以下时，要停止冷敷等一切强降温措施。

3）补水

患者仍有意识时，可给一些清凉饮料来补充水分，同时可在饮料中加入少量盐或小苏打。但千万不可急于补充大量水分，否则会引起呕吐、腹痛、恶心等症状。

4）促醒

患者若已失去知觉，可指掐人中、合谷等穴，使其苏醒。若呼吸停止，应立即实施人工呼吸。

5）转送

对于重症中暑患者，必须立即送医院诊治。搬运时，应用担架运送，不可使患者步行，同时运送途中要注意，尽可能地用冰袋敷于患者额头、枕后、胸口、肘窝及大腿根部，积极进行物理降温，以保护大脑、心肺等重要器官。

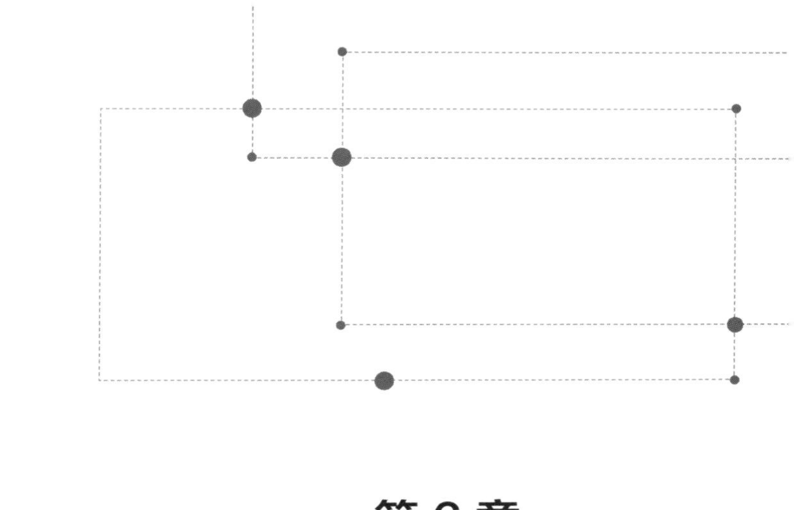

第6章

事后管理

45. 事后管理的含义

《突发事件应对法》规定，突发事件应急处置工作结束后，履行统一领导职责的人民政府应当立即组织对突发事件造成的损失进行评估，组织受影响地区尽快恢复生产、生活、工作和社会秩序，制定恢复重建计划，并向上一级人民政府报告。履行统一领导职责的人民政府应当及时查明突发事件的发生经过和原因，总结突发事件应急处置工作的经验教训，制定改进措施，并向上一级人民政府提出报告。

突发事件的事后管理的含义是：对突发事件处置结束后社会生产和社会秩序的恢复与重建工作提供必要的组织保障；对突发事件处置结束后不稳定的社会状态起到缓解和消除的积极作用；为进一步提高政府危机管理能力提供经验和实践机会。

46. 事后管理的工作内容

事后管理的工作内容主要包括以下四个方面：一是对突发事件及其应对工作进行调查评估，为恢复与重建等工作打下基础；二是对受损的群众进行赔偿、补偿、抚恤与安置；三是对遭遇灾难导致心理创伤的人员进行心理危机干预；四是进行突发事件应急处置后的恢复重建工作，帮助群众恢复正常生活。另外，恢复正常的法律秩序和社会秩序、总结经验教训、改进突发事件应对系统等也是事后管理的重要工作内容。

47. 事故调查与责任确定

(1) 事故现场调查

1）事故现场保护

事故调查组的首要任务就是对事故现场进行保护，因为事故现场的各种证据是判断事故原因以及确定事故责任的重要物质条件，需要最大限度地给予保护。由于在事故救援阶段，各种人员的进出会对事故现场造成破坏，群众的围观也会给现场保护工作带来影响，所以应该采取措施保护事故现场免受过多的破坏。

《生产安全事故报告和调查处理条例》规定，事故发生后，有关单位和人员应当妥善保护事故现场以及相关证据，任何单位和个人不得破坏事故现场、毁灭相关证据。这里明确了两个问题：一是保护事故现场以及相关证据是有关单位和人员的法定义务。“有关单位和人员”是事故现场保护的义务主体，既包括在事故现场的事故发生单位及其有关人员，也包括在事故现场的地方人民政府应急管理部门、负有安全生产监督管理职责的有关部门、事故应急救援组织等单位及其有关人员。只要是在事故现场的单位和人员，都有妥善保护现场和相关证据的义务。二是禁止破坏事故现场、毁灭有关证据。不论是过失还是故意，任何单位和个人都不能破坏事故现场、毁灭相关证据。有上述行为的人员，将要承担相应的法律责任。事故现场保护要做好以下几个方面的工作：

①核实并尽快上报事故情况。

②确定保护区的范围，布置警戒线。

③控制好事故肇事人。

④尽量收集事故的相关信息以便事故调查组查阅。

事故现场的保护要方法得当。对露天事故现场的保护范围可以大一些，然后根据实际情况再调整；对生产车间事故现场的保护，则主要是采取封锁入口、控制人员进出的措施；对于事故破损部件、残留件等，不能触动，以免破坏事故现场。

2）事故现场的处理和勘查

①事故现场处理。当调查组进入现场或做模拟试验需要移动某些物体时，必须在现场做好标记，同时要照相或摄像，将可能被清除或践踏的痕迹记录下来，以保证现场勘查能获得完整的事故信息内容。调查组进入事故现场进行调查的过程中，在事故调查分析没有形成结论以前，要注意保护事故现场，不得破坏与事故有关的物体、痕迹、状态等。

②现场勘查与证物收集。对损坏的物体、部件、碎片、残留物、致害物的位置等，均应贴上标签，注明时间、地点、管理者；所有物件应保持原样，不允许冲洗擦拭；对健康有害的物品，应采取不损坏原始证据的安全保护措施。

③事故现场摄影。应做好以下几个方面的工作：方位拍照（要能反映事故现场在周围环境中的位置）；全面拍照（要能反映事故现场各部分之间的联系）；中心拍照（反映事故现场中心情况）；细目拍照（解释事故直接原因的痕迹物、致害物等）；人体拍照（反映死者主要受伤部位和造成死亡的伤害部位）。

④事故图绘制。根据事故类别和规模以及调查工作的需

要，绘出事故调查分析所必须了解的信息示意图，如建筑物平面图、剖面图，事故现场涉及范围图，设备或工器具构造简图、流程图，受害者位置图，事故状态下人员位置及疏散图，破坏物立体图或展开图等。

⑤证人材料搜集。尽快搜集证人口述材料，然后认真考证其真实性，听取单位领导和群众意见。

⑥事故事实材料搜集。应注意搜集以下材料：

a. 与事故鉴别、记录有关的材料。这部分材料包括事故发生的单位、地点、时间，受害者和肇事者的姓名、性别、文化程度、职业、技术等级、本工种工龄、支付工资形式；受害者和肇事者的技术情况、接受安全教育情况；出事当天，受害者和肇事者开始工作的时间、工作内容、工作量、作业程序、操作时的动作或位置；受害者和肇事者过去的事故记录。

b. 事故发生的有关事实材料。这部分材料包括事故发生前设备设施的性能和质量状况；必要时对使用的材料进行物理性能或化学性能试验分析；有关设计和工艺方面的技术文件、工作指令和规章制度方面的资料及执行情况；关于环境方面的情况，如照明、温度、湿度、通风、声响、色彩、道路、工作情况以及工作环境中的有毒有害物质取样分析记录；个人防护措施状况及劳动防护用品的有效性、质量、使用范围；出事前受害者和肇事者的健康和精神状态；其他有可能与事故有关的细节或因素。

(2) 事故原因调查分析

事故原因调查分析包括事故直接原因和间接原因的调查分析。

调查分析事故发生的直接原因就是分别对人和物的因素进行深入、细致的追踪，弄清人和物方面的事故因素，明确这些因素的相互关系和重要程度，从而确定事故发生的直接原因。

事故间接原因的调查就是调查分析导致人的不安全行为、物的不安全状态，以及人、物、环境关系失调的原因，弄清不安全行为和不安全状态产生的原因，以及没能在事故发生前采取措施预防事故发生的原因。

导致事故发生的原因是多方面的，主要可以概括为以下 3 个方面：

1）劳动过程中设备设施和环境等因素是导致事故的重要原因，这些因素主要包括生产环境恶劣，生产设备状态不良，生产工艺不合理，原材料具有毒害性等。这些因素是硬件方面的原因，属于直接原因。

2）安全管理方面的因素也是导致事故的主要原因。这里主要包括安全生产规章制度不完善，安全生产责任制未落实，安全管理机构未有效开展工作，安全生产经费不到位，安全教育培训工作开展不到位，安全防护装置未及时保养，安全标志和逃生通道不齐全等。这些原因需要认真分析，属于更深层次的原因。

3）事故肇事人的状况也是导致事故的直接因素。这里主要包括其操作水平、熟练程度、经验、精神状态、是否违规操作等。人的因素是事故原因中的主要因素，也是事故发生发展的关键原因，需要重点分析。

对事故进行分析有很多方法，目的都是找到导致事故发生的原因。首先从专项技术的角度探讨事故的技术原因，其次从事故统计的角度探讨宏观的事故统计分析法，最后通过安全系统分析法从全局的角度全面分析事故的发生发展过程。这是一种递进的层次关系。

（3）确定事故责任

查找事故原因的目的是确定事故责任。事故调查分析不仅要明确事故的原因，更重要的是确定事故责任，落实防范措施，确保不再出现同类事故。这是加强生产安全的重要手段。

1）事故性质

事故性质分为责任事故、非责任事故和人为破坏事故。责任事故是指由于工作不到位导致的事故，是一种可以预防的事故，需要处理相应的责任人。非责任事故是指由于一些不可抗拒的力量而导致的事故，这类事故的原因主要是人类对自然的认识水平有限，需要在今后的工作中更加注意预防工作，防止同类事故再次发生。人为破坏事故是指有人预先恶意地对机器设备以及其他因素进行破坏，导致其他人在不知情的状况下发生了事故。这类事故一般都属于刑事案件，相关责任人要受到法律的制裁。

2）事故责任人

事故责任人主要包括领导责任人、直接责任人和间接责任人。领导责任人是指自身的行为虽然没有直接导致事故发生，但由于领导监管不力而导致事故发生的人员。直接责任人是指与事故及其损失有直接因果关系，对事故发生以及导致一系列后果起决定性作用的人员。间接责任人是指与事故的发生具有间接的关系，需要承担相应的责任的人员。

3）责任追究

事故责任的确定是整个事故调查分析中最难的环节，因为责任确定的过程就是将事故原因分解给不同人员的过程。这个问题看似很简单，但对于事故调查组来说，无论处理谁都是不情愿的。由于事故的责任人必须受到处罚，事故调查组要公正地对待所有涉及事故的人员，公平、公正、科学、合理地确定相应的责任。凡因下述原因造成事故，应首先追究事发单位领导者的责任：

①没有按规定对从业人员进行安全教育和应急培训，或未经考试合格就上岗操作的。

②缺乏安全技术操作规程或制度与规程不健全的。

③设备严重失修或超负载运转的。

④安全措施、安全信号、安全标志、安全用具、劳动防护用品缺乏或有缺陷的。

⑤对事故熟视无睹，不认真采取措施，或挪用安全生产经费，致使重复发生同类事故的。

⑥对现场工作缺乏检查或指导错误的。

特大安全事故肇事单位和个人的刑事处罚、行政处罚和民事责任，依照有关法律、法规和规章的规定执行。

48. 善后工作

《突发事件应对法》规定，受突发事件影响地区的人民政府应当根据本地区遭受损失的情况，制定救助、补偿、抚恤、安置等善后工作计划并组织实施，妥善解决因处置突发事件引发的矛盾和纠纷。公民参加应急救援工作或者协助维护社会秩序期间，其在本单位的工资待遇和福利不变；表现突出、成绩显著的，由县级以上人民政府给予表彰或者奖励。县级以上人民政府对在应急救援工作中伤亡的人员依法给予抚恤。

（1）救助

救助主要是对受突发事件影响的群众施行救助措施，属地政府应该及时制定这方面的安置计划，提供最基本的生活条件，以尽快满足灾区群众最基本的生活需求。对受突发事件影响的“孤儿、孤老和孤残”人员进行积极的救助。公民参加应急救援工作或者协助维护社会秩序期间，其在本单位的工资待遇和福利不变。属地政府对在应急救援工作中伤亡的人员，依法给予抚恤。属地政府及其部门应当将突发事件损失情况及时向保险监督管理机构和保险服务机构通报，协助做好保险理赔工作。

（2）补偿

建立完善应急资源征收、征用补偿制度，解决基层群众和综合应急队伍的实际困难和后顾之忧。属地政府因应对突发事件采取措施造成公民、企事业单位和其他组织财产损失的，应当按照国家规定给予补偿；国家没有规定的，属地政府应当组织制定补偿办法。根据有关规定，结合实际情况，暂时制定补偿标准和补偿办法，完善补偿程序，建立补偿评估机制，必要时召开听证会，确定补偿方式、补偿标准和补偿数额，并进行公示。审计、监察等部门应当对补偿物资和资金的安排、拨付和使用进行监督。

（3）抚恤

抚恤是对突发事件中因公受伤或致残的人员，或因公牺牲及病故的人员的家属进行安慰并给予物资帮助。抚恤分为伤残抚恤和死亡抚恤两种。突发事件应急处置工作结束后，应当按照公务员法、军人抚恤优待条例等法律、行政法规和有关规定，对有关人员进行抚恤。

（4）安置

安置是指对突发事件中失去住房的人员提供居住条件。在恢复重建工作中，首先应当及时为受灾人员提供临时居住场所，然后积极开展住房重建工作。

49. 心理危机干预

（1）创伤后应激障碍

当一个人经历极度的创伤压力事件后，容易持续出现害怕、无助、恐惧的情绪，随后伴随以下症状：反复地、闯入性地、痛苦地记忆起这些时间；对创伤相关的刺激产生逃避、焦虑甚至麻木反应；持续升高的警觉性。若上述症状造成个人人际关系与社会功能的受损，而且持续一个月以上，则称为“创伤后应激障碍（PTSD）”。灾难存活者是否患上了 PTSD，应由精神科医师等专业人员进行诊断与治疗。

（2）心理危机干预建议

1）如果有些医院伤员及家属过于集中，会给救援工作和善后处理带来一些隐患，建议尽量将其分散救治。

2）对于死者家属的安置要尽可能分散，保持有人陪伴，提供支持帮助；防止他们在一起出现情绪爆发而使善后处理工作变得被动。

3）对死伤者及其家属的信息通报要公开、透明、真实、及时，以免引起相关人员情绪激动，给救援工作带来继发性困难。

4）在对伤员及其家属进行心理救援的同时，政府各部门要对参与救援人员的心理应激加以重视，组织他们参加由工作组提供的集体心理辅导。

5）动员社会力量参与，利用媒体的资源，向受灾民众宣传心理危机防治和精神健康知识，宣传应对灾难的有效方法，动员当地政府人员、救援人员、医务人员、社区工作者或志愿者接受工作组的培训，让他们参与心理援助活动。

6）定期召开信息发布会，将救援工作的进展情况和已完成的工作向社会公布。注意发布前把必须传达的信息做好整理，回答记者的问题要尽可能精确和完整，尽可能保证属实，如果没有信息或信息不可靠，要如实回答，积极主动引导舆论导向。

7）指挥部要能够有效协调各部门关系，以便心理危机干预工作的顺利进行。

(3) 心理危机干预工作流程

1）联系救援指挥部、各家医院，确定受灾伤员住院分布情况，以及进入现场救援的医护人员情况。

2）拟定心理危机干预培训内容、宣传手册、心理危机评估工具，并紧急印刷。

3）召集人员夜间举行技术培训以便统一思想和技术路线，内容包括心理危机干预技术、流程、评估方法等。

4）紧急调用当地精神卫生中心的人员和设备等。

5）分组到各家医院、社区，访谈受灾伤员及相关医护人员，发放心理危机干预相关知识宣传资料。

6）应用评估工具，对访谈人员逐个进行心理筛查，并进行重点人群评估、危机动力分析。

7）根据评估结果，对出现心理应激反应的人员当场进行初步的心理干预。

8）向所有医院的领导提出有关受灾人员的指导性诊疗和处理意见、工作人员与受灾人员沟通处理技巧、工作人员自身心理保健技术。

9）对每一个筛选出有急性心理应激反应的人员进行随访，强化心理干预和必要的心理治疗，治疗结束后再次进行心理评估。

10）对社区干部、医院医护人员进行集体讲座、个体辅导、集体会谈等干预处理准备。

11）每天晚上召开工作组人员会议，总结当天工作，对工作方案进行调整，并部署下一步的工作。对干预人员开展督导。

50. 事后恢复与重建

（1）恢复与重建的定义

恢复与重建具有广义和狭义两层含义。

广义上的恢复与重建是指突发公共事件发生后，政府在应急响应与处置、恢复与重建各阶段，对受损组织机构、法律秩序、社会秩序、公共设施等，根据突发公共事件发生的范围、性质等相关因素，制定旨在对物质层面、社会层面进行恢复和重建的政策和规划，规定各个参与主体的权力和责任，进而实施政治、经济、社会和环境等一系列措施，并在综合性评估的基础上重建政府运转和服务功能；同时对受影响的人员进行精神层面的恢复与重建，为其提供长期的关爱和支持。

狭义上的恢复与重建是指在应急的预防与准备、响应与处置工作结束后，对受损组织机构、法律秩序、社会秩序、公共设施等进行物质层面、社会层面的恢复与重建，同时对受影响的人员进行精神层面的恢复与重建。通过重建使各方面恢复到突发公共事件发生前原有的正常状态或者更好状态。

（2）恢复与重建的内容

根据《突发事件应对法》规定，突发事件应急处置工作结束后，履行统一领导职责的人民政府应当组织受影响地区尽快恢复生产、生活和社会秩序，制定恢复与重建计划。

恢复与重建工作包括防止次生事件的发生，社会秩序、公共设施、生产和经济的恢复，恢复与重建的组织架构建设，突发事件的灾情调查和损失评估，恢复与重建规划的制定，恢复与重建工作的实施和恢复与重建相关优惠政策的制定和实施等内容。

（3）恢复与重建的原则

1）以人为本原则

恢复与重建的重心是帮助受到突发事件影响的群众恢复和重建。因此，必须关爱受到突发事件影响的群众，把保护人的生命健康和安全作为恢复与重建的首要任务。

2）及时高效原则

突发事件发生后，恢复与重建工作就已经进入议程。有必要根据需要随时开展相应的恢复工作，在突发事件应急处置和救援后，应尽快恢复正常的生产、生活和社会秩序，对效率的要求高于常规性的建设。

3）统筹协调、科学规划原则

重大及特别重大级别的突发事件的恢复与重建工作通常会涉及多个社会系统，难免出现多个目标间的矛盾，需要重视统筹协调工作。

突发事件的恢复与重建工作不仅是对受影响区域的简单恢复，更要面向受影响区域的未来发展，需全面通盘考虑区域内经济和社会发展的需要。因此，必须坚持在科学规划的指导下进行恢复与重建工作，做到规划合理布局，确保重建的科学性、规范性。

4）突出重点、分类指导原则

突发事件后的恢复与重建工作涉及面广、影响范围大，必须将工作重心放在恢复与重建中具有关键性、标志性、支柱性的重点对象上，如生命线工程、医院学校等重大民生设施以及支柱性产业项目等，对这些重点对象实施重点协调。而对于量大面广的恢复重建内容，则更多通过制定符合实际、具有导向性的相关政策，根据不同恢复与重建内容的特点，提出有针对性的措施，分类指导推动恢复与重建工作的开展。

5）因地制宜、地方为主原则

突发事件的恢复与重建不但需要宏观的整体规划，而且需要结合受影响区域的实际情况和特点，因地制宜开展恢复与重建工作。具体实施中各个地区则需要根据实际情况，进一步制定符合自身特点的详细规划。恢复与重建的实施工作应以地方政府为主，中央及其他省份的政府主要发挥宏观协调和支援协助作用。

6）广泛参与、社会协同原则

突发事件的恢复与重建工作同样需要形成党委领导、政府负责、社会协同、公众参与的工作格局。既要发挥政府的主导作用，又要减轻不合理的负担。应充分发挥企事业单位、保险机构、人民团体、社会组织、慈善机构、基层社区、各界人士及志愿者等各类组织和公民的作用，动员多方力量，协同开展恢复与重建工作。

7）立足自救、多方帮扶原则

突发事件恢复与重建工作的基础是受影响区域的自助自救，恢复与重建主体也是受影响的群众，否则恢复与重建工作就丧失了最根本的意义。由于突发事件的破坏给受影响群众的自救工作带来了很大困难，所以也需要积极动员和鼓励从中央到其他省份，从企事业单位到公益组织，以及海内外志愿者的多方帮扶。

8）公开公正、依法监督原则

突发事件的恢复与重建是各级政府应急管理体系工作的重要内容，尤其是受到全国人民普遍关注的、重大及特别重大级别的突发事件。因此，无论受影响区域遭受损失程度、重建需求的大小，所拨付的恢复与重建物资和资金的多少，相关经办部门和工作人员都必须自觉和充分接受监督，确保恢复与重建工作的公开公正、合法合情。

51. 事后奖励与责任追究

(1) 事后奖励与责任追究的定义

应急管理事后奖励是指在突发事件发生过程中或者突发事件处理过程中，对在参加抢险救灾等方面作出显著成绩和重要贡献的个人或集体按照有关规定给予表彰奖励。责任追究机制是指在突发事件后，围绕追究相关人员责任的工作，建立一套决定、公布及执行责任追究措施的工作流程。这是应急管理的核心机制之一。

(2) 事后奖励与责任追究的目标

事后奖励的目标是通过奖励形成对领导干部和工作人员的正向激励，鼓励个人或集体积极参与突发事件的应急管理和处置以及参加抢险救护等。

责任追究的目标，不仅仅是追究责任，更是为了通过责任追究形成对领导干部和工作人员的负向激励，预防他们出现不应有的失误和错误，以真正提高应急管理的能力和水平。责任追究总是与特定的权力使用或职责履行相对应的，是为了规范和制约这种权力的运行或职责的完成。与这一目标相对应，责任追究也总是包含确责、履责和问责的系统性过程。

（3）事后奖励的原则

1）公平性原则

奖励只有建立在公平的基础之上，才能体现其真正的价值。如果奖励的结果造成心理上的不公平感，就会影响积极性的发挥。只有量功施奖，才能使人们体会到奖励的社会功能，从而促成一种积极向上的竞争局面。

2）准确性原则

准确性是指被奖励的人与事必须是有根据的，并与所受奖励的等级相当。准确性原则既是实施奖励的基础，又是实施奖励的条件，是实现更高标准的公平的必然要求。树立的典型要真实，让人看得见、学得会，能够以点带面。要按照标准和条件进行衡量分析，准确奖励，从而调动人的主观能动性，激发人的内在动力。

3）先进性原则

凡是被奖励的行为都应是正确的，但是并非所有正确的行为都应受到奖励，恪守奖励先进性原则，是做好奖励工作的基本要求之一。

4）及时性原则

即在奖励过程中把握最佳时机，以提高奖励效益。人们社会活动的成功，离不开各种各样的“时机”，敏锐地觉察和巧妙地运用时机，及时给予奖励。

5）民主公开原则

即按照民主集中制原则，使奖励具有透明度。充分发扬民主，广泛征求群众意见，走群众路线，全面、公正、准确地实施奖励。

（4）责任追究的原则

1）严格要求、实事求是

责任追究主要是针对领导干部。对领导干部的责任追究必须严格依法依规要求，同时，这种责任追究必须建立在事实的基础上，必须坚持实事求是的原则。

2）权责一致、惩教结合

责任追究的目的不是简单的罚，而是为了预防领导干部出现不应有的失误和错误，从负向激励的角度提高其应急管理的能力和水平。因此，责任追究不仅包括事后惩罚的部分，也必须包括事前的教育工作。首先要让领导干部明确认识到责任追究的范围和内容，以及责任追究的严肃性和有序性，再辅以严密、完整的责任追究过程，才能够真正达到责任追究最终的目的。

3）依靠群众、依法有序

有效的责任追究机制，必须依靠群众，否则责任追究就会流于形式，丧失应有的价值。责任追究必须建立在明确、清晰及合理的规范之上，建立在完善的制度体系之上。目前，我国已经初步建立起一套责任追究的法律法规体系，初步形成了有序统一的责任追究制度框架，责任追究必须在这一框架下依法有序进行。

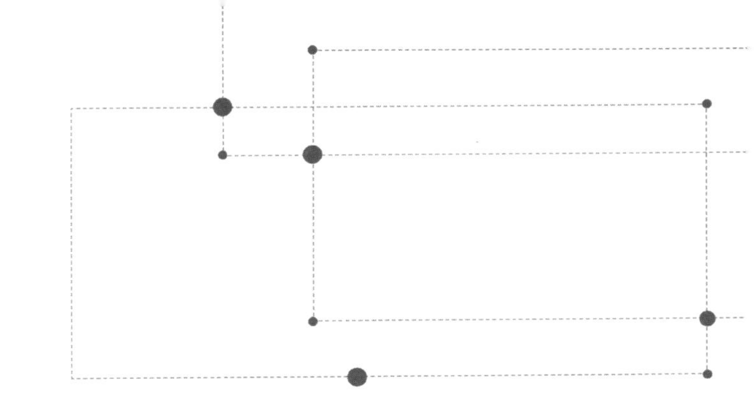

第7章

安全文化和应急培训

52. 安全文化的含义和功能

（1）安全文化的含义

安全文化就是在人的生活过程和企业的生产经营活动过程中，保护人的健康、尊重人的生命、实现人的价值的文化。它的功能可以概括为一句话：将全体国民塑造成具有现代安全观的文化人，将企业的决策层、管理层及全体从业人员塑造成具有现代安全观的安全生产力。

（2）安全文化的功能

1）规范人的安全行为

使每一个社会成员都能理解安全的含义、对安全的责任、应具有的道德，从而自觉地规范自己的安全行为，也能自觉地帮助他人规范安全行为。

2）组织及协调安全管理机制

安全管理与其他的专业性管理不同，它不像生产管理、材料管理、设备管理等局限于对企业某一个方面或某一部分人的管理，而是对企业一切方面、一切人员的管理，同时承担着安全法律法规、安全知识宣传的作用。这就要求企业的一切方面、一切人员都要实现安全生产协调一致，不能出现“梗阻”，只有通过安全文化，给企业提供共同的安全行为准则，才能做到这一点。

3）使生产进入安全高效的良性状态

实践证明，单纯依靠改善生产设备设施并不能保证企业安全、高效、有序地运行，还必须要有高水平的管理和高素质的从业人员。不论是提高安全管理水平，还是提高从业人员的安全素质，安全文化都是最基础的。

53. 安全文化的建设目标

安全文化建设的高境界目标，是将社会和企业建设成“学习型组织”。一个具有活力的企业或组织必然是一个“学习团体”。学习是个人和组织生命的源泉，这是对现代社会组织或企业的共同要求，要提升一个企业的安全生产保障水平，需要提出这样的要求，即要求企业建立安全生产的“自律机制”和“自我约束机制”。要达到这一要求，成为“学习型组织”是重要的前提。由此，现代企业安全文化建设的重要方向，就是要使企业成为符合国际职业安全健康规则、国家安全生产法律法规及相关制度和要求的“学习型组织”，成为安全工程技术不断进步和安全管理水平不断提高的“学习型组织”。学习过程中更重要的是强化安全意识，端正安全态度，开发安全智慧。

54. 企业安全文化建设

（1）企业安全文化的形态体系

从文化的形态来说，安全文化的范畴包含安全观念文化、安全行为文化、安全管理文化、安全物质文化等。安全观念文化是安全文化的精神层，安全行为文化和安全管理文化是安全文化的制度层，安全物质文化是安全文化的物质层。

1）安全观念文化

安全观念文化主要是指决策者和大众共同接受的安全意识、安全理念、安全价值标准。安全观念文化是安全文化的核心和灵魂，是形成和提高安全行为文化、安全管理文化和安全物质文化的基础和原因。

2）安全行为文化

安全行为文化是指在安全观念文化指导下，人们在生活和生产过程中的安全行为准则、思维方式、行为模式的表现。安全行为文化既是安全观念文化的反映，同时又作用和改变安全观念文化。

3）安全管理文化

安全管理文化是企业安全文化中的重要部分。安全管理文化对社会组织（或企业）和组织人员的行为产生规范性、约束性影响和作用，它集中体现了安全观念文化和安全物质文化对从业人员的要求。

4）安全物质文化

安全物质文化是安全文化的表层部分，它是形成安全观念文化和安全行为文化的条件。安全物质文化往往能体现出企业决策者和管理者对安全的认识和态度，反映出企业安全管理的理念和哲学，折射出安全行为文化的成效。

（2）企业安全文化建设的目的

企业建设和推进安全文化进步的目的有：提升企业全员的安全素质；让安全核心价值在企业生产经营理念中得到确立；使现代科学、合理的安全行为文化得以广泛、自觉地实践；将安全生产目标纳入企业生产经营目标体系中；让生命安全与健康成为从业人员的共识；让安全健康成为企业每一位从业人员的精神动力等。

（3）企业安全文化建设的方法

1）构建安全文化理念体系，提高从业人员安全文化素质

安全文化理念是人们关于企业安全以及安全管理的思想、认识、观念、意识，是企业安全文化的核心和灵魂，是建设企业安全文化的基础，也是企业的安全承诺。企业要认真建立本企业的安全文化理念：一是要结合行业特点、企业实际、岗位状况以及文化传统，提炼出富有特色、内涵深刻、易于记忆、便于理解，为从业人员所认同的安全文化理念并形成体系；二是要宣传好安全文化理念，通过企业板报、电视、刊物、网络等多种传媒以及举办培训班、研讨会等多种方法，将企业安全文化理念根植于全体从业人员心中；三是要固化好安全文化理念，让从业人员处处能看见、时时有提醒、事事能贯彻，进而

转化成为企业从业人员的自觉行动。

2）加强安全制度体系建设，把安全文化融入企业管理全过程

安全制度是企业安全生产保障机制的重要组成部分，是企业安全文化理念的物化体现，是从业人员的行为规范，它包括各种安全生产规章制度、操作规程、厂规厂纪等。加强安全制度体系建设，要重点抓好五个方面的工作：一是建立健全安全生产责任制，做到全员、全过程、全方位安全责任化，形成“横向到边、纵向到底”的安全生产责任体系；二是抓好国家职业安全健康法律、法规的贯彻、执行；三是根据法律、法规的要求，结合企业实际，制定好各类安全生产规章制度；四是要抓好安全质量标准化体系建设，做到安全管理标准化、安全技术标准化、安全装备标准化、环境安全标准化和安全作业标准化；五是抓好制度执行，不断强化制度的执行力。

3）建立健全安全管理模式，形成良性循环的安全运行机制

科学、合理、有效的安全管理模式属于安全文化建设的重要范畴，它是现代企业安全生产的根本保证。目前，企业开展安全生产标准化建设、建立职业安全健康管理体系等都是良好的载体，使安全文化建设有了依托，通过规范企业的行为，达到改善企业安全生产条件的目的。

4）建立现代企业有效、敏锐的安全信息管理系统

为营造良好的安全文化，企业需要建立一个有效、敏锐的安全信息管理系统，并使从业人员积极地使用。通过这个安全信息管理系统，企业可以有计划、有步骤、有目的地对从业人员进行安全生产法律、法规和方针、政策的教育；定期分专业

组织开展安全技术培训；开展技术练兵活动；利用安全例会传达上级部门的安全生产要求及会议精神，通报安全生产信息，分析安全生产形势等。

5）建立和完善安全奖惩机制

建立和完善安全奖惩机制是一种激励措施，是推动企业安全文化建设的重要手段，可以从以下几个方面着手：一是要适时组织安全专业考试；二是经常组织安全知识竞赛、安全技能练兵，对优秀者进行奖励；三是对违反操作规程，不按规定程序办事的人员按照奖惩标准进行处罚。当然，建立安全文化，重不在罚，应以鼓励为主，促进行为自觉安全化，才是有效防止事故发生的根本。

6）建立“学习型组织”，是推进安全文化建设的根本

企业安全文化建设是一个长期的过程，要使安全文化融入每位从业人员的意识并成为其自觉行为，必须通过系统的培训和学习。学习过程是理念认同过程，是提高安全意识、安全操作技能的过程，使广大从业人员从“要我安全”到“我要安全”，进而向“我会安全”转变。同时要突出国内外先进管理方法、管理模式的学习，通过学习，不断改变旧的思想理念，不断创新管理模式，以适应新形势下安全管理的严要求、高标准。

55. 应急培训体系

应急培训体系是对应急管理人员、应急响应人员、社会公众提供应急知识宣传、专业培训的各类机构与设施所构成的系

统，其目标是提升各级各类应急相关人员的应急管理知识和专业技能，以及全社会的风险意识和自救互救能力。

应急培训体系包括：

（1）应急管理培训机构

包括党政干部培训机构、高校、科研机构、企事业单位培训机构，主要用于各级各类应急相关人员的应急管理知识和专业技能培训。

（2）教育培训演练与现场教育基地

包括各类科技馆、灾害纪念馆、防灾减灾科普宣教基地、灾害遗址和应急避难场所等，主要用于加强社会公众的风险意识和自救互救能力宣传教育。

（3）远程在线教育培训系统

包括网络培训、在线学习、远程教育、电话教育等，用于所有人员的宣传教育与培训。

（4）各类学校

将公共安全知识纳入教学体系，提高学生的公共安全知识与自救互救能力。

（5）媒体

包括广播、电视、报纸和互联网等媒体，主要用于加强公共安全与应急知识的宣传以及突发事件预警与处置信息的发布。

56. 企业应急培训的重要性

企业一线从业人员是安全生产的第一道防线，是生产安全事故应急处置的第一梯队。进一步加强企业一线从业人员的应急培训，既能全面提高企业应急处置能力，也能有效满足防止因应急知识缺乏导致事故扩大的迫切要求。各类企业和各级安全生产监管监察部门一定要提高认识，认真履行职责，以全面提高一线从业人员应急能力为目标，制订培训计划、设置培训内容、严格培训考核，切实抓好培训责任的落实，牢牢坚守"发展决不能以牺牲人的生命为代价"这条红线，牢固树立培训不到位是重大安全隐患的理念，扭转从业人员特别是基层厂矿企业从业人员中存在的"培训不培训一个样"的错误观念。

57. 企业应急培训的内容

(1) 思想教育

思想教育主要包括安全生产方针政策教育、形势任务教育和重要意义教育等。形式多样、丰富多彩的应急培训可以使各级领导牢固地树立起安全第一的思想，正确处理各自业务范围内安全与生产、安全与效益的关系，主动采取事故预防措施，同时提高全体从业人员的安全意识，激励其安全动机，自觉采取安全措施。

（2）法制教育

法制教育主要包括法律法规教育、执法守法教育、权利义务教育等。法制教育可使企业的各级领导和全体从业人员知法、懂法、守法，以法律法规为准绳约束自己，履行自己的义务；以法律法规为武器维护自己的权利。

（3）知识教育

知识教育主要包括应急管理教育、安全技术教育和劳动卫生知识教育。知识教育可使企业的决策者和管理者了解和掌握安全生产规律，熟悉自己业务范围内必需的应急管理理论和方法及相关的应急技术、劳动卫生知识，提高应急管理水平；可使全体从业人员掌握各自必要的安全科学技术，提高企业的整体安全素质。

（4）技能培训

技能培训的重点是应急常识与逃生避险技能。对各个岗位或工种的人员进行培训，培训的内容主要包括安全操作技能培训、危险预知培训、紧急状态事故处理培训、自救互救培训、消防演练、逃生救生培训等。技能培训可以使从业人员掌握必备的安全生产技能与应急知识。

58. 企业应急培训主体责任的落实

企业必须按照国家有关规定对本单位所有从业人员进行应

急培训，确保其具备本岗位安全操作、自救互救以及应急处置所需的知识和技能。要将应急培训作为安全培训的应有内容，纳入安全培训年度工作计划，与安全培训同时谋划、同时开展、同时考核。要切实突出厂（矿）、车间（工段、区、队）、班组三级安全培训，不断提升从业人员的应急能力。

（1）健全培训制度

企业要建立健全适应自身发展的应急培训制度，保障所需经费，严格培训程序、培训时间、培训记录、培训考核等环节。对于无法进行自主培训的企业，要与具有相应条件的培训机构签订服务协议，确保从业人员全部接受科学规范的应急培训。

（2）明确培训内容

企业要根据生产实际和工艺流程，全面准确地梳理各岗位危险源，明确各岗位所需共性的和特有的应急知识和操作技能。从业人员应急培训基本内容应包括：工作环境危险因素分析，危险源和隐患辨识，本企业、本行业典型事故案例，事故报告流程，事故先期处置基本应急操作，个人防灾避险、自救方法，紧急逃生疏散路线，初级应急救护知识，劳动防护用品的使用和应急预案演练等。特种作业人员的培训内容和培训时间必须符合国家相关法律、法规和标准的要求。

（3）丰富培训形式

企业要充分分析本单位从业人员的群体特性，编写科学实用、简单易懂的应急培训读本，采取集中培训、半工半训、网络自学、现场“手指口述”、师傅带徒弟、知识竞赛、技能比武和应急演练等多种方式方法，充分调动从业人员参加培训的积极性。同时，要不断学习借鉴应急培训工作成效突出的地区和企业的经验，使应急培训能够始终紧密贴合企业生产发展的趋势。

（4）加大考核力度

企业要将应急技能作为从业人员必需的岗位技能进行考核，并与员工绩效挂钩，要建立健全从业人员应急培训档案，详细、准确记录培训及考核情况，实行企业与员工双向盖章、签字管理，严禁形式主义和弄虚作假。企业要定期开展内部应急培训工作的检查，及时发现和解决各种实际问题，切实做到安全生产现状需要什么就培训什么，企业每发展一步培训就跟进一步，始终保持培训的规范化、制度化。